中国历代

流行饮食

张卉 —— 著

江苏人民出版社

图书在版编目（CIP）数据

中国历代流行饮食 / 张卉著. —— 南京：江苏人民
出版社，2024.9. —— ISBN 978-7-214-29528-6

Ⅰ. TS971.202

中国国家版本馆CIP数据核字第2024PT7876号

书　　　　名	中国历代流行饮食	
著　　　　者	张　卉	
项 目 策 划	凤凰空间 / 翟永梅	
责 任 编 辑	刘　焱	
装 帧 设 计	毛欣明	
特 约 编 辑	翟永梅	
出 版 发 行	江苏人民出版社	
出版社地址	南京市湖南路1号A楼，邮编：210009	
总 经 销	天津凤凰空间文化传媒有限公司	
总经销网址	http://www.ifengspace.cn	
印　　　　刷	雅迪云印（天津）科技有限公司	
开　　　　本	710 mm×1 000 mm　1/16	
字　　　　数	262千字	
印　　　　张	12	
版　　　　次	2024年9月第1版　2024年9月第1次印刷	
标 准 书 号	ISBN 978-7-214-29528-6	
定　　　　价	88.00元	

（江苏人民出版社图书凡印装错误可向承印厂调换）

前言

　　本书的诞生源于"好奇"二字。多年前，在一个思想放飞的下午，我突然很想知道古代人都吃什么，于是鼠标一动找到了那本大名早已如雷贯耳却从未读过的《东京梦华录》，里面的吃食乍看陌生，细读又无比熟悉，从此上瘾，一发不可收拾。

　　我国古代的诸多典籍中都有与美食相关的记录，往前追溯至先秦，《诗经》有周朝人的饮食记载，而《礼记》中则记载了传说中的周代"八珍"，大名鼎鼎的魏晋农书《齐民要术》居然也是一本"菜谱"，强大繁盛的唐朝却没有流传下来一本完整像样的食谱。南宋创作了专属于杭州的《梦粱录》《武林旧事》《都城纪胜》，而印象中无比清高的《山家清供》也并非完全不食人间烟火。元代的《居家必用事类全集》补足了宋朝很多没有说清楚的美食，明朝的《宋氏养生部》《遵生八笺》《易牙遗意》已经做到细致又全面。至清朝，无数美食书籍纷至沓来，如篇幅最长的《调鼎集》，营销无敌的《随园食单》，专著《粥谱》《素食说略》，家常食谱《醒园录》《中馈录》，记录地方饮食的《成都通览》《扬州画舫录》《桐桥倚棹录》等，还有其他大大小小的古籍近两百本，在此不一一赘述。

　　在整理古代饮食资料的过程中，我的好奇逐渐被震惊、钦佩所代替，以前总觉得"中华文化博大精深"像是一句口号，直至窥探到历代饮食的一角，才真正被震撼到。纵观中国历史，中华文化里有太多值得我们去研究和传播的东西，随便一项都足够任何一位爱好者精研一生。

　　本书以朝代顺序为线索展开叙述，起于夏朝，终于清朝，每一章原则上分为民间饮食和宫廷贵族饮食两大类，尽量展现古代不同阶层的饮食风貌，并配有丰富的古画、文物插图、现代插画作为参考佐证。

　　在写法上，采用虚拟的"穿越式""打卡体验"模式，目的是带领读者身临其境地感受每个朝代的饮食，一书读完即可实现"穿越千年，吃遍古代"。而对于一些反复出现且随着朝代变更地位不断变化的食物则赋予拟人化的情感表达，跨越时空听它们倾诉疑惑、表达不满、炫耀实力。这种"面对面"的倾听对话模式有利于读者更生动清晰地认识到古代美食的发展历程，奇妙且直观。

　　然而一本书的篇幅是无法将中国历代饮食全部呈现的，因此在多次梳理所有整理出的古代饮食资料后，尽可能选取了每一个朝代的典型代表以成书。比如在某个朝代首次出现的：汉朝才有的"面食"，魏晋南北朝才确立的端午粽子，唐代才"一战成名"的茶饮，宋朝才普及的"炒"菜。再如前朝已经出现，但在后来非常流行并具有一些特定意义的：如"鲊"，早在秦汉时期就已存在，但宋朝把它发扬光大。此外，为了不让读者感到重复乏味，前面朝代已经存在的饮食及习俗在此后的章节中均不重述。

书中除了尽可能全面地介绍历代流行饮食，还间或出现古代的饮食礼仪、饮食餐具、饮食逸事等，用以提升阅读的趣味性，加强读者对饮食文化的全面了解。比如：金银餐具在宋朝比瓷器更受欢迎；日本的生鱼片是从大唐传过去的；元代大画家倪瓒不仅好吃、有洁癖，还性格古怪，与人吃不到一起就绝交；宋元时人们嗜羊如命，明朝人以鹅为尊；有些曾经堪称奢华的国宴在现在看来"碳水"严重超标，就是主打一个"管饱"；而现代"一日三餐"的流行，还要感谢贪吃的宋朝人……

需要特别说明的是，文中出现的各种野味菜肴是源于特殊的历史背景以及古人认知的局限性，仅代表当时的饮食风尚。现代社会野生动物受到保护，禁止伤害、食用，因此大家切勿效仿食用。由于历史久远，某些朝代流传下来的古籍资料有限，能展现出的流行饮食事实上只代表了个别地区，如明朝一章里果蔬的烹制方式和各种点心甜品的制作，呈现的主要是当时江南地区的风味。

本书的文物插图由于经过了重绘，因此在细节上跟实物可能会有些许差别，还请读者在阅读时注意甄别。手绘图里的餐具也尽可能选择对应朝代的文物作为参考，但出于插画的艺术性考虑，部分器皿存在艺术加工成分，并非实物的再现。

中华饮食历经数千年的传承和发展，内容繁多，流传下来的古籍资料亦有不同解读，远非一本书可以全面、精准地介绍。本书若有不足或疏漏之处，还望专业人士予以指正。

最后感谢家人无私的奉献和帮助，感谢自媒体平台鼓励我前行的朋友们，感谢每一个有缘看到此书的人，愿每一位"吃货"都能在这本书中感受到中国传统饮食文化的璀璨，珍惜现在的一粥一饭。

张卉

2024 年 9 月

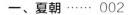 目录

第三章　魏晋南北朝

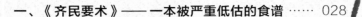

第四章　隋唐五代

第五章　宋朝

第六章　元朝

第七章　明朝

第八章　清朝

第|一|章

先秦

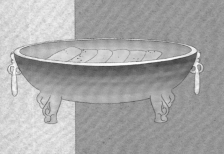

平民『清粥野菜饮水浆』，
贵族『喝酒吃肉食干饭』，
『六谷六牲六清八珍』乃天子顶配。

吃饭即礼仪，食器阶层化，
『钟鸣鼎食』由此诞生。

奠定华夏『主食加副食』的饮食基础，『五味调和』出现。

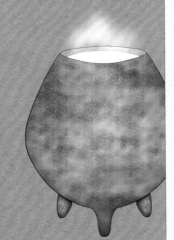

 # 一、夏朝

1."干饭"是奢侈的，喝粥才是生存之道

　　闲来无事，上网瞎逛，一不小心赶上了夏朝人的吃饭时间，碰巧偶遇一位夏朝小妹正在用陶鬲（lì）煮粥。小妹见客登门，略显害羞，但仍招呼我一起吃饭。今日做的是稻粥，平日常吃粟粥和黍粥，虽然园子里的韭菜刚被收过一茬，但有从野外采来的堇（jǐn，旱芹）和荼（tú，苦菜）也不错。

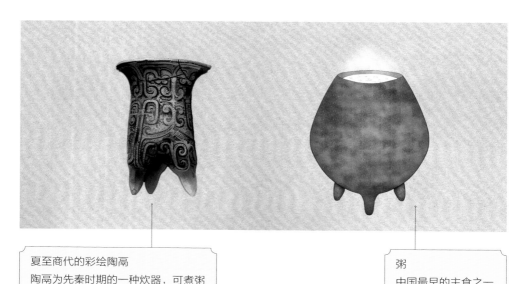

夏至商代的彩绘陶鬲
陶鬲为先秦时期的一种炊器，可煮粥

粥
中国最早的主食之一

　　对于饥肠辘辘的胃，即使只有少许野菜作为搭配，碳水仍然带来了原始简单的满足。早在《周书》中就有"黄帝始烹谷为粥"的记载，可见，喝粥才是夏朝百姓的生存之道。至于"干饭"，那都是"王者"的事，毕竟人家家里还有余粮来酿酒。

夏代的灰陶绳纹甗（yǎn）
甗是古代的一种炊具，可用于蒸饭

2. 酒——正式亮相历史舞台

被后世尊为"酿酒始祖"的杜康是夏朝的国君，传闻他就是用吃不完的粮食偶然间造出秫（shú）酒的。不过在《战国策》等书的记录中，仪狄才是那个传说中最早酿酒的人——"昔者，帝女令仪狄作酒而美，进之禹，禹饮而甘之"。然而仪狄并没有因为进献美酒而受到奖赏，反而被大禹疏远了，理由是"后世必有以酒亡其国者"。

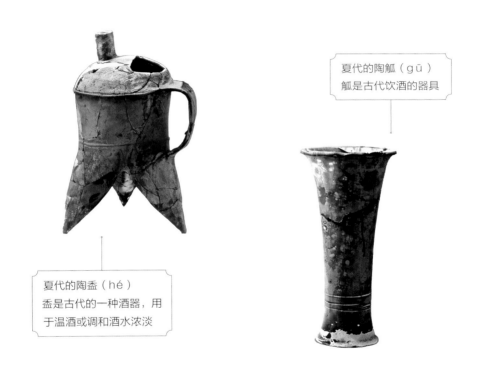

夏代的陶觚（gū）
觚是古代饮酒的器具

夏代的陶盉（hé）
盉是古代的一种酒器，用于温酒或调和酒水浓淡

大禹的话一语成谶。夏朝最后一位君王桀整日与宠妃妹（mò）喜饮酒作乐，觚不离手、盉不离席，无有休时。据说酒池修建得可以行船，在饮食方面甚至出现了"南海之荤、北海之盐、西海之菁、东海之鲸"（战国尸佼《尸子》），普天之下的稀罕美食不管在哪里，都要搜罗来吃。夏桀极度骄奢淫逸，引起百姓不满，其王朝终被商朝取而代之。

"到商朝还不如这会儿呢！"突然一声嘟囔传来，原来是粮食中的"粟"在为自己鸣不平。

二、商朝

1. 吃的不是饭，是等级

　　"粟"继续愤愤不平地说道："甲骨文中都有我的身影，你们的史书《史记·殷本纪》中还写着'（商纣）厚赋税以实鹿台之钱，而盈钜桥之粟'，我都跟钱一样成为财富的代表了，怎么到头来还变成了'贵黍贱粟'呢？"

　　这大约因为"黍"是当时主要的酿酒原料吧，不仅可以酿成贵族们日常饮用的黍酒，还可以用黑黍和郁金草酿制专门在祭祀中使用的香酒——鬯（chàng），普通人可享受不到。就连盛酒的器具也要分出三六九等，不说普通老百姓，等级低的贵族都没有资格用爵，一般只能用角。我赶紧劝"粟"消消气，心态要平和，又不是只有粮食一族被分出高低贵贱，供贵族享用的肉类也是一样的"待遇"。

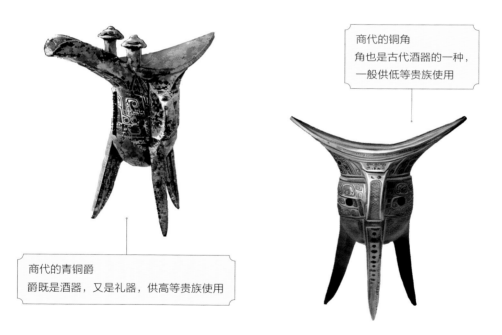

商代的铜角
角也是古代酒器的一种，一般供低等贵族使用

商代的青铜爵
爵既是酒器，又是礼器，供高等贵族使用

　　低等贵族一般只能吃到鸡、兔、鱼一类的小型动物，而高等贵族则能吃到牛、羊、猪、鹿这些大中型动物。至于其他珍禽异兽，诸如豹胎、熊掌、猩唇、隽燕、述荡、旄（máo）象等，就只有金字塔顶端的人才能享受到。

　　食谱一摆，"粟"很无奈，然而"烹饪始祖"伊尹幽幽地来了一句："食材只是烹饪的一部分，'五味调和'跟'火候'同样关键。"

2. 五味调和 —— 烹饪始祖伊尹开启降维打击

终于见到这位传说中借由一碗"鹄（hú）鸟之羹"实现阶层跃迁的传奇人物了。当一般人还停留在只会用火来煮熟食物的水平时，伊尹已经懂得如何有效控制火势的徐疾、大小，以去除食材的腥、膻、臊、臭，且不失其本味，同时还将五味调和之事拿捏得非常到位——"调和之事，必以甘酸苦辛咸，先后多少，其齐甚微，皆有自起"（《吕氏春秋·本味篇》）。

鹄鸟之羹
鹄鸟即天鹅，是古代上层贵族的珍馐

古人在鼎中调和羹汤的场景
清改琦《金鼎和羹图》局部

简而言之，所谓"五味"，不外乎就是甘、酸、苦、辛、咸，但它们用量的多少、放置的先后顺序、相互如何组合却十分讲究，包括它们在鼎中的精妙变化都需慢慢琢磨，这样才能使烹饪的食物久而不弊、熟而不烂、甘而不浓、酸而不酷、咸而不减、辛而不烈、淡而不薄、肥而不腻，一切恰到好处。

伊尹虽为奴隶出身，但厨艺天赋惊人，并且还能将"治大国若烹小鲜"成功实践。最后他辅助商汤灭夏，成为一代贤相，也难怪连李白都在自己的诗作中发出"伊尹生空桑，捐庖佐皇极"（《纪南陵题五松山》）的感慨。

刚想表达一下自己深深的敬佩之情，一阵银铃般的笑声突然从远方传来。哇，那莫不是周朝的"窈窕淑女"们？褪去《诗经》的光环，原来也可以叫她们"野菜姑娘"呀！

三、周朝

1. 平民百姓吃什么

1）一部《诗经》，半部食物集——大自然馈赠的蔬与果

虽然百姓吃的大部分是野菜，但种类可不少："幡幡瓠（hù）叶，采之亨（通'烹'）之"；"思乐泮（pàn）水，薄采其芹"；"陟（zhì）彼南山，言采其蕨（jué）"；"于以采藻，于彼行潦"；"于以采蘩（fán），于涧之中"；"采采卷耳，不盈顷筐"；"采采芣苢（fú yǐ），薄言采之"；"参差荇（xìng）菜，左右流之"……

不管味道如何，品质绝对称得上"天然无污染，健康原生态"，怪不得窈窕淑女们外出采个野菜就能令君子们倾心相待，不过赠予一些木瓜、木桃（楂子，比木瓜小）、木李［榠（míng）楂，又名木梨］，就被回馈了各种美玉。

正所谓礼尚往来，小情侣们在六月把采到的新鲜郁李和薁（yù，蘡薁，浆果呈黑紫色）送给对方品尝，然后相约八月一起剥枣；你陪我看桃花、摘桑葚、采野薇，我陪你捉河鱼、打野兔……果然，水果的饱腹能力有限，要想填饱肚子还得靠吃肉。鱼和兔可以说是喜爱打野味的年轻人的最爱。

山鸟嘴中所衔即桑葚，最早在《诗经》中就有记载，桑葚在当时不仅是一种野生水果，还可作为充饥之物
宋佚名《桑果山鸟图》

薇是古代的一种野菜
宋李唐《采薇图》局部

2）兔兔那么可爱，抓来打打牙祭

"刚好打到了三只野兔，不如一只'炮'来一只'炙'，还有一只直接'燔(fán)'？"一位年轻人说道。看我一脸茫然，他现场演绎了一把周朝的"三兔三吃"。

将一只兔裹上泥巴放在火中煨熟，曰"炮"；另一只又起来在火上熏烤，曰"炙"；还有一只直接放到火里烧熟，曰"燔"。这三种做法虽然名目上可以统称为"烧烤"，但做出来的食物吃起来却是风味各异，而且比单纯煮熟的肉更香。

普通的待客之宴可以吃到兔肉，那结婚这类大事的筵席上又会有什么呢？大胆的我直接向对方申请了一张"婚礼请柬"，然后静候佳期。

野兔是古人常吃的野味之一
宋刘永年《花阴玉兔图》局部

3）婚宴上竟然吃这个

喜讯如约而至，虽然不用随份子钱，但咱也不能白吃，思来想去，最后决定按照这边女孩子的见面礼习俗给新娘准备一份包含枣、栗、榛、枳（jǔ，枳椇，即拐枣）、脯、脩（xiū，肉脯的一种）的小礼物，聊表心意。普通百姓的婚礼倒无须经过贵族那般烦琐的程序，但该有的仪式还是要有的。

终于，热热闹闹的婚礼到了宾客入席的阶段，我内心的小期待差点飞上天，然而摆在面前的只有豆羹、白饭以及切好的熟肉！小小的震惊和失望过后，我立即意识到虽然这婚宴在我们现代人看来有点简朴实在，但跟周朝百姓平时的清粥野菜、野果野味比起来，已经算是很不错的了——有饭有菜又有肉，还能喝点小酒。看来想要伙食天天好，还得去走周朝的仕途啊！

古代婚嫁场景
宋张择端（传）《清明易简图》（明摹本）局部

古时人们聚会宴饮的场景
佚名《孝经图》局部

2. 上层阶级吃什么

1）士大夫的"工作餐"

周朝明文规定"大夫燕食，有脍无脯，有脯无脍"（《礼记·内则》），也就是说，大夫的日常饭食，最好不要同时出现"脍"（细切的肉）和"脯"（干肉），每次上其中一种就行了。"士不贰羹胾"也是类似的道理，士的日常饮食可以有"羹"（带汁的肉）和"胾"（zì，大肉块），但一次只能有一种。

透过现象看本质，这种约束从侧面说明当时士大夫的工作餐已经做到顿顿有肉了，再搭配"粱糗"（liáng qiǔ，干饭）和"稻醴"（dào lǐ，甜酒），伙食已经很好了。而卿的标准更高，"公膳，日双鸡"（《左传·襄公二十八年》），不仅天天都能吃到鸡，还是每天两只。

鸡是中国古代很早就驯化的家禽之一
明佚名《画鸡图》局部

当然也有个别作风比较朴素的，像晏子，作为春秋时期齐国的上大夫，地位尊崇，可他的吃穿相当节俭，"衣十升之布，食脱粟之食，五卵、苔菜而已"（《晏子春秋》）。晏子一心系国，不在乎口腹之欲，所食不过糙米、禽蛋、素菜一类。但同样爱国的屈原却是个大"吃货"！

西周鸡蛋化石

2）解锁屈原贵族新身份——不爱国的"吃货"不是一个好诗人

第一次见屈原的时候，他正在奋笔疾书，随手拿起已经完成的《大招》和《招魂》一读，像极了楚国美食宣传大片。

主食并不单一，可以从大米、小米、新麦、黄粱、菰（gū）米里随便选。混合了饴糖或蜜的粮食还能制成"粔籹"（jù nǚ）和"蜜饵"这样的点心，甘甜可口。

菜肴极其丰富，有蒸凫（清蒸野鸭）、炙鸹（zhì guā，烤乌鸦）、䑏鹑（qián chún，煮鹌鹑）、煎鸧（jiān cāng，煎黄鹂）、鹄酸（醋烹天鹅肉）、豺羹、雀儿羹以及炖得酥烂喷香的牛腱子肉。

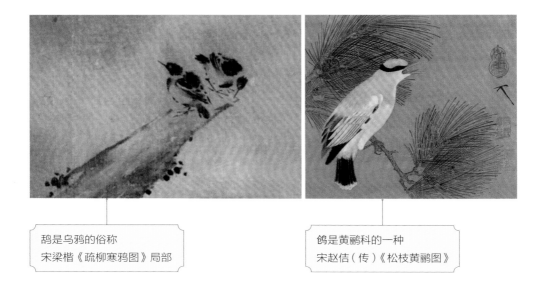

鸹是乌鸦的俗称
宋梁楷《疏柳寒鸦图》局部

鸧是黄鹂科的一种
宋赵佶（传）《松枝黄鹂图》

每一样菜肴都需经过精心烹制，把控五味调和，做到"大苦醎（通'咸'）酸，辛甘行些"，而非单一笼统地烹饪。比如做"鲜蠵"（xiān xī，新鲜大龟）和"甘鸡"（可口肥鸡），需要额外添加楚国乳酪，而"胹鳖"（炖甲鱼）和"炮羔"（烤羔羊）则要用到蔗浆，"醢豚"（hǎi tún，猪肉酱）中得点缀切细的苴蒻（jū pò，一种草本植物，花穗和嫩芽可食，根状茎可入药）……

蠵是龟的一种
金张珪《神龟图》局部

此外，不同菜肴之间的混搭食用也能碰撞出不一样的火花。拿"露鸡"来说，单吃味道有点浓烈，但配上"臛蠵"（huò xī，大龟羹）就刚刚好，可以带给人"厉而不爽"的口感。

佳肴虽多，却不用担心腻的问题，精美的羽觞（shāng）中时刻倒满了"楚沥"（楚国清酒）、"四酎"（zhòu，精酿四次的高级酒）这样的美酒，若是再调些蜂蜜，堪称"瑶浆"，乃解腻佳品。在炎热夏季还可以喝到冰镇酒饮，几杯下肚，清馨爽口、遍体清凉（冰镇酒饮、果品是先秦贵族阶层夏季解暑的常见方式之一，周朝已有专门负责管理冰的官职"凌人"）。

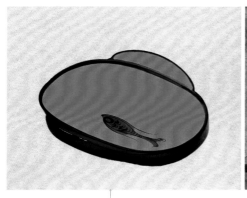

战国彩漆鱼纹耳杯
羽觞又称"耳杯"，是古代的一种酒器

冰镇的果品酒饮
宋佚名《宫沼纳凉图》局部

都说艺术源于生活又高于生活，屈大夫记录的这些美食虽然可能有些许夸张，但完全可以通过这些字句想象出周朝的贵族们平日里吃得有多好。见我看得起劲，随和的屈大夫索性停下笔来跟我聊天，闲谈间又补充了新的知识——诸侯国的国君是如何招待前来聘问的大夫的。

3）国君宴请大夫——高规格的"朴实无华"

主食基本以黍、稷（jì）、稻这类饭食为主，菜肴配以牛、羊、豕（猪）、鱼、腊等。如果宴请的对象是上大夫，会再加雉（野鸡）、兔、鹑（鹌鹑）、鴽（rú，古代的一种小鸟），饮以酒、浆。

筵席上，"䏑"（xiāng，牛肉羹）、"臐"（xūn，羊肉羹）、"膮"（xiāo，猪肉羹）是必备主菜，里面的配菜也有讲究，牛肉羹里放豆叶，羊肉羹里放苦茶，猪肉羹里放薇菜，并且都要加调味的佐料进行调和。

　　还会有牛炙（烤牛肉）、牛胾（牛肉块）、羊炙（烤羊肉）、羊胾（羊肉块）、豕胾（猪肉块）、鹿臡（ní，带骨的鹿肉酱）、麋臡（带骨的麋肉酱）、醓醢（tǎn hǎi，带汁的肉酱）、昌本（腌蒲根）、韭菹（jiǔ zū，腌韭菜）、鱼脍（生鱼片）、芥酱等其他菜品搭配。

牛肉在先秦时期只有高等贵族才有资格享用
宋李迪《风雨牧归图》局部

中国人吃生鱼片的历史最早可追溯至西周时期
宋周东卿《鱼乐图》局部

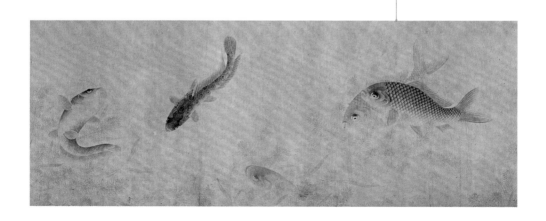

　　每样食物都有其特定的上菜顺序、专属的摆放位置以及食用次序，无论主客都需遵循一套专门的礼仪流程，烦琐复杂，一顿饭吃下来并不轻松。但论饮食的丰盛程度，估计只有周天子才能赶超一下。接下来，我迫不及待地想要去围观一下站在周朝金字塔顶端的人每天都吃什么。

3. 一朝天子吃什么

1）处处讲究，才配得起"钟鸣鼎食"

"凡王之馈，食用六谷，膳用六牲，饮用六清，羞用百有二十品，珍用八物，酱用百有二十瓮。"（《周礼·膳夫》），短短几句话，包含的内容却很丰富。

六谷即稻、黍、稷、粱、麦、菰，还会遵循牛肉宜配稻饭、羊肉宜配黍饭、猪肉宜配稷饭、犬肉宜配粱饭、雁肉宜配麦饭、鱼肉宜配菰米饭的搭配原则。

六牲即牛、羊、豕、犬、雁、鱼，可以做的菜包括但不限于"牛脩"（加了姜桂的干牛肉）、"羊哉"（大块羊肉）、"豕炙"（烤猪肉）、"雁醢"（雁肉酱）、"鱼脍"（生鱼片）等类。肉食会陈列在鼎中，进食时用俎（zǔ，古代盛放食物的器具）盛着进上。

六清即水、浆、醴、凉、医、酏（yǐ），"水"自不必说，"浆、醴、凉、医、酏"是用饭或粥制作的不同类型的酒精饮料。也真是难为当时的"浆人"（负责周天子饮品供应的官员）了，原料实在有限，不得不在螺蛳壳里做道场，绞尽脑汁变花样。

不过最夸张的还是这个"酱用百有二十瓮"。宫中不仅设有专门掌管酱类的官员"醯人"，还很讲究不同食物与酱之间的搭配，例如："腶脩"（duàn xiū，捶捣并加以姜桂的干肉）配"蚳醢"（chí hǎi，蚁卵酱）、"脯羹"配"兔醢"（兔肉酱）、"麋肤"（切小的麋肉）配"鱼醢"（鱼肉酱）、"鱼脍"配"芥酱"……以至于天子只要看到上了什么酱，就知道今天要吃什么菜，真是既规律又无趣。

不过令人愉悦的是，无论朝食、夕食还是日中食，每顿饭必有奏乐，有时还可以安排"膳夫"（负责周天子宫廷饮食的官员）制作"八珍"一解馋闷。

先秦时期钟鸣鼎食的场景
宋马和之《鹿鸣之什图卷》局部

战国狩猎纹壶
壶是古人用来盛酒或水的器具

周朝贵族进食的场景，"俎"上盛放
着肉食，"豆"内则盛放肉酱或腌菜
佚名《孝经图卷》局部

2）八珍——周天子顶配

周天子的八珍分别是淳熬、淳母、炮豚、炮牂（zāng）、捣珍、渍珍、熬珍和肝膋（liáo），不要看这些名字都很奇怪，但基本能在我们的现代食物中找到对标品：

"淳熬"即油浇肉酱稻米饭，"淳母"即油浇肉酱黍米饭。

"炮豚"和"炮牂"做法类似，只不过一个用小乳猪，一个用小羊羔。先模仿"叫花鸡"的做法去脏腑、塞枣、涂泥火烤，等泥烤干再去泥、裹米粉油煎，最后在鼎中隔水炖三天三夜至极烂，再取出调以醋、肉酱食用。

"捣珍"需取牛、羊、麋、鹿、獐最嫩的里脊肉部分，混合后反复捶打去筋膜，煮熟后调以醋、肉酱食用。

"渍珍"则讲究新鲜和刀工，牛肉一定要取刚刚宰杀的牛，切的时候不但要切得极薄，还要切断肉的纹理，然后在美酒中浸泡一晚，再调以醋或肉酱、梅浆食用。

"熬珍"就是肉脯，牛肉、羊肉、麋肉、鹿肉、獐肉均可制作，不过一定要先捶捣去除筋膜，再撒上桂屑、姜末、盐。可以捶软后直接吃，也可以泡软后用肉酱煎熟食用。

"肝膋"为烤狗肝，烤之前要用网油把肝包起来，在外面刷上肉酱，再在火上烤至脂肪变焦即可直接食用。

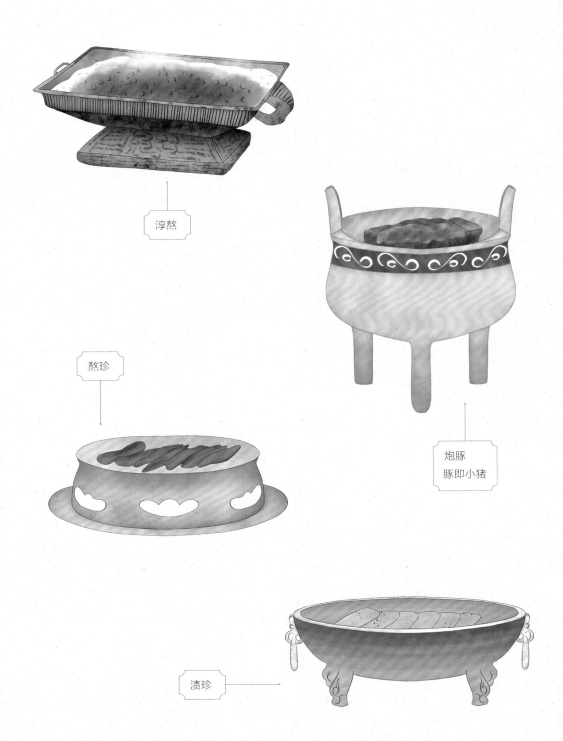

淳熬

熬珍

炮豚
豚即小猪

渍珍

果然是一朝天子的顶级菜肴，从炊器到食材再到工艺，在当时都堪称高端，非一般人能享受。但吃饭的过程有点麻烦，饭前必须先行祭食之礼，不同时间进餐还要穿相对应的衣服……没办法，在"吃饭即礼仪"的周朝，不仅天子要恪守，民众之间的请客与赴宴也是一场"修行"。

古时年轻人侍奉长辈的场景，西周尤为重视礼仪教化
佚名《孝经图》局部

4.舌尖上的礼仪

　　若是被人邀请前去做客，饭前一定要先行祭食之礼。如果与主家地位相等，就不祭水、浆；如果是陪着地位高于自己的人去吃饭，则要先吃饭，后祭食。此处插播一则温馨提示，在自己家吃剩饭是不需要祭的。

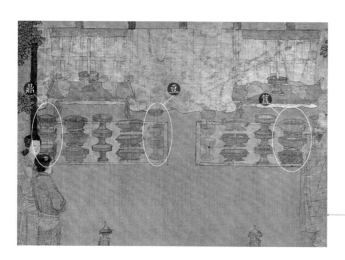

古代祭祀的礼器，有鼎、豆、簋（guǐ）等
宋佚名《女孝经图》局部

祭完之后，客人先吃三口饭，然后主人请客人吃"胾"（切好的大块肉），再请客人遍尝各种肴馔。注意，煮烂的肉可以用牙齿咬开，干硬的肉就别咬了，先用手撕开再吃。汤里如果有菜，就用梜（jiā，筷子）；如果没有，则只用汤匙即可。

客人如果调和羹汤，主人就要赶紧客套，说自家不会烹调。客人如果喝肉酱，主人就要立即道歉，说由于家贫以至于备办的食物不够吃。如果主人尚未吃完，客人也不能漱口表示已经吃饱了。

食毕，客人要跪在桌案的前面收拾盛饭菜的食器并交给在旁服务的人，这时主人要起身劝阻，然后客人再坐下。

若是大家在一起聚餐，首先一定要注意谦让，不要光顾着自己吃饱；其次要注意卫生，不要把饭搓成团，也不要把多取的饭再放回食器；最后还要注意形象，不要使劲吹饭中的热气让它快速变凉，不要大口喝汤，不要吃得喷喷作响，不要拿着骨头大啃大嚼，不要当众剔牙，不要给狗扔骨头……

西周时期人们聚餐的场景
宋马和之《豳风图》局部

在乡饮酒礼中，五十岁的人只能站着吃饭，六十岁及以上者才可以坐下用餐，且严格遵循"六十者三豆（盛食物的器具），七十者四豆，八十者五豆，九十者六豆"（《礼记·乡饮酒义》）的规定。至于鼎、簋一类的食器和礼器，百姓是不能用的，上层贵族的使用也有明确要求："天子九鼎八簋（盛食物的器具），诸侯七鼎六簋，大夫五鼎四簋，士三鼎二簋或一鼎"（《周礼》）。

吃饭的规矩确实多啊，这些仅是冰山一角都听得我头疼。算了，赴宴就免了，还是去秦朝吃"粟"吧。

鹿鸣宴是在周代"乡饮酒礼"的基础上演变而来的，图中有爵、豆等古代礼器
明谢时臣《鹿鸣嘉宴图》局部

第 二 章

秦汉

节庆食物出现，『以筵铺席，以席设位』的『分餐制』仍是主流。

面食『粉磨登场』，丝绸之路引入『进口』果蔬，上层饮食愈发丰富多样。

一、秦朝：终于挺起了腰杆的"粟"

再见"粟"的时候，它正愉悦地哼着小曲，再也没有先前颓丧的模样，果真是人逢喜事精神爽。易种植、耐储存的优点使粟稳坐秦朝粮食老大的位置，还成为军粮首选，就连当时官员的俸禄都以粟来发放，甚至死后的陪葬品都得有满陶瓮的粟，地位可见一斑。不过粟还没有开心太久，就眼睁睁看着秦朝走到了末路，我也没什么机会再去探究本就秘而不宣的宫廷饮食，琢磨一下，还是赶紧投奔汉朝吃口安稳饭吧！

粟饭
粟是秦朝最主要的粮食作物之一

 # 二、汉朝

1. "粉磨登场"，粥和饭有了新伙伴

汉朝的饭不仅让人吃得安稳，还因为石磨的出现多了新花样。一直默默无闻的麦子在被磨成粉后积极寻找合作伙伴，几经波折终于携"水"组成了面食家族，对外统一号称"饼"。旗下成员十分多元化——蒸出来的叫"蒸饼"，用水煮熟的叫"汤饼"，上面撒满胡麻的叫"胡饼"，还有根据不同形状命名的蝎饼、髓饼、金饼、索饼等。

西汉的石磨
石磨被发明出来以后，面食才逐渐走上人们的餐桌

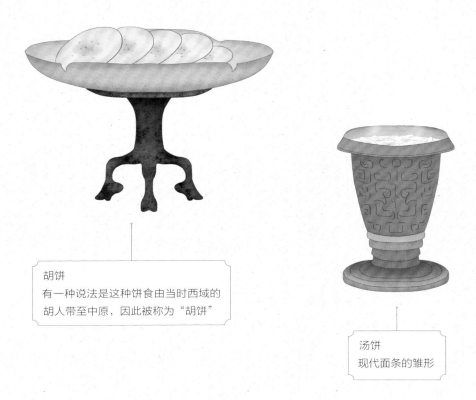

胡饼
有一种说法是这种饼食由当时西域的
胡人带至中原，因此被称为"胡饼"

汤饼
现代面条的雏形

　　吃了太久的粥和饭，面食爱好者终于迎来世纪曙光，连皇帝都在不经意间开启了"代言"模式。据西晋《续汉书》记载："灵帝好胡饼，京师皆食胡饼"，以一己之力带动胡饼在京城风靡盛行的汉灵帝堪称当之无愧的"古今第一带货达人"。而后，唐代的"诗魔"白居易也疯狂追捧胡饼，还写下了"胡麻饼样学京都，面脆油香新出炉"（《寄胡饼与杨万州》）的诗句。

　　但东汉崔寔又在《四民月令》中告诫大家"立秋勿食煮饼及水溲饼"，至于为什么，他没说。正疑惑之际，集市上突然传来一阵骚动，爱看热闹的我赶紧凑上去，原来是张骞和堂邑父，历经十三年终于从西域出使归来。

2. 感谢张骞，开启"进口果蔬"新世界

天真的我原以为他们是带薪出差顺便旅游，却未曾想到这"旅途"竟如此艰苦，"风沙霜雪十三年，城郭山川万二千"（宋陈普《咏史上·张骞》）便是张骞此行最贴切的写照。历经风餐露宿、被抓又逃亡的漫长征途，队伍在去时有一百多人，回来时仅剩下两人，张骞不辱使命，终于归返长安。

甘肃敦煌莫高窟壁画《张骞出使西域》局部

人群中，他们褴褛的衣衫格外扎眼，但在我眼中却抵过任何华服，那条熠熠生辉的"丝绸之路"即将由他们开启，此后不断引领其他汉使出使他国。"进口果蔬"们排队涌进汉朝，我也在其中看见各种熟悉的身影——和牛肉面最配的"胡荽（suī，香菜）"、可以酿酒的"葡萄"、火锅爱好者离不开的"大蒜"、果蔬一体的"胡瓜"（黄瓜）、秋季佳果"石榴"、补脑神器"胡桃"（核桃）……

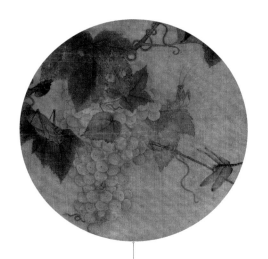

中国本土只有野葡萄，在《诗经》中被称为"薁"，现在吃的葡萄是在西汉时期经由丝绸之路引进的
宋林椿《葡萄草虫图》局部

吃得好，心情就好。为了庆祝这一历史性的时刻，我决定去弄点"石蜜"尝尝。日常的"饴"和"饧"（táng）经常吃，但石蜜不多见，我嚼着"柰（nài）脯"在集市到处打听，忽然身后响起一个清脆的声音："你这么爱吃甜食，不如去我家做客？"一回头，竟然是辛追。

3. 偶遇辛追，见识 2000 年前的"轪侯家食谱"

此时的辛追新婚燕尔，虽打扮端庄华贵，但仍保留着少女时期的明媚活泼。一进门就拿出自己最喜欢的甜瓜招待我，随后，侍女端出一个彩绘陶盒，里面是"蜜糖荸荠米糕"和"鸡蛋小米饼"。辛追让我先垫垫肚子，一会儿就开饭。

西汉的彩绘陶盒
出土时内盛小米饼

餐前要先进行"沃盥之礼"，跟我们现在的"饭前洗手"差不多。该礼承自先秦，由一个年长的仆从持"云纹漆匜"（yí，类似于现在的水瓢）自上而下往手上浇水，另一位年轻的仆从则捧漆盘在下承接用过的弃水，礼毕方可用餐。

西汉的云纹漆匜
匜是古代盥洗时舀水的器具

此时还没有桌椅，"以筵铺席，以席设位"的"分餐制"是基本模式。先在地上铺上尺寸较大的"筵"，再铺上尺寸稍小、质地较细腻的"席"，"筵席"一词大概由此而来吧。

吃饭时，大家跽坐于莞席之上，一人一案，食案是传说中的"云纹漆案"，颜色鲜艳，纹饰华丽。每案配有成套餐具，小漆盘里放食物，吃饭用竹箸（竹筷），饮酒的器具为漆卮（zhī）和云纹漆耳杯，而装酒的"云鸟纹漆钫（fāng）"则置于"席"外的"筵"上，用"漆绘龙纹勺"来舀酒。

西汉的云纹漆案及漆盘、耳杯、漆卮、竹箸
这套器皿也是汉朝分餐制的体现

　　辛追真的很爱吃肉，最喜欢牛、羊、鹿、鱼做的"脍"类生食，对烧烤也情有独钟，一顿饭要上数种烧烤，如鹿炙、牛炙、豕炙、炙鸡、串烤鲤鱼、裹烤山芋等。而我更喜欢涮煮类的菜品，有点像现在的火锅，其中"牛濯（zhuó）胃"（涮牛肚）最美味，濯藕也相当不错。

汉代的釉陶烧烤炉
烧烤是汉朝贵族最喜爱的
食物之一，汉高祖刘邦就非
常喜欢吃炙鹿肚和炙牛肝

花样最多的还要属"羹"，有牛肉和苦菜做的"牛苦羹"、猪肉和蒿菜做的"豕逢羹"、用米粉调和的"鹿肉芋白羹"、不调味的"大羹"等，一般都装在云纹漆鼎里进上。主食里比较亮眼的是"黍枣黏饭"，枣子的添加为米饭带来额外的糖分，吃起来香甜可口，比单一的稻米饭和黄粟饭更好吃。

湖南长沙马王堆汉墓出土的莲藕汤羹

虽然汉朝的米酒度数不高，然而不胜酒力的我还是喝得有点晕乎，幸亏没有尝试他们的"肋酒"，否则醉得更厉害。辛追让我好好休息一下，再多住几天，后天是立春，可以跟她一起过节，她家还有很多美食我没有吃到，比如蒸鳜鱼、烤牛乘、煎焖兔、煎炸泥鳅、鹿脯、羊腊、鹤巾羹、雀酱、麦米糕、蜜米饼……不愧是美食爱好者，让我完全没有拒绝的理由。

4. 节庆食物伊始：饮食可以简单，氛围必须跟上

立春那天，辛追一大早就催着我赶紧起床吃"生菜"，说一定要赶早、趁新鲜，但不能吃得太多，图的是个"迎新之意"。吃完又端来一碗"浆粥"让我喝，说是能"导和气"，大家在立春这日都这么做。

汉朝人立春吃的"生菜"
其实就是春菜，即春天的蔬
薮（sù）
宋许迪《野蔬草虫图》局部

一看辛追就是个喜欢热闹的人，趁过节拉着我叽叽喳喳说个不停，讲了许多有关他们节日的事情。比如"正旦"（正月初一）的时候，必须要喝一碗辟邪的"桃汤"，这样就能免于厄运，保一年平安，然后饮一杯"椒柏酒"，可以祛病消灾；寒食节时，会吃"枣糕"，模样跟蒸饼差不多，但四周都附着着枣子；到了重阳节，无论宫中还是民间，人人都要佩戴茱萸，吃蓬饵，饮菊花酒；在冬至这天会用"黍糕"来祭祖……

古人认为桃木能辟邪，因此在正月初一这天会熬桃汤饮用以驱邪保平安
元钱选《桃枝松鼠图》局部

虽然辛追平日所食已经十分丰盛，但每每提起节庆日当天特有的吃食，还是一脸兴奋，激动不已。也许，在普天同庆的节日，不管什么食物吃起来都要比平时更加美味吧。天下无不散之筵席，盘桓数日后，我还是告别了辛追，准备去拜访一下贾思勰（xié），看看一本农学著作究竟是怎么被他写成美食书籍的。

第|三|章

魏晋南北朝

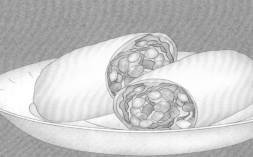

『粽子』正式出场代言端午，全民开启『无酒不欢』模式。

烹饪方法多样化，『炒鸡蛋』和『咸鸭蛋』首次出现。

特殊时势造就南北饮食交融新局面，米线、粉皮等初现雏形。

一、《齐民要术》——一本被严重低估的食谱

1. 时局动荡也阻止不了饭食换新颜

采访正式开始，质朴的贾思勰先生面对我的提问一字一句娓娓道来，字里行间都是对民生的关注："其实也没什么，就是想让大家在丰年的时候能吃好，荒年的时候能吃饱，尤其是收成不好又遭兵祸的年景，不知会饿死多少人！所以我在书中开篇就做了记录，希望老百姓在平时多收些桑葚、莲子、菱角、芡实这类东西，曝干储藏，作为粮食备用。曾经闹饥荒的时候流行过一种'葚饭'，就是用桑葚和蝗虫做的干饭，救了不少人的命。这个时候只要是能果腹的东西，都应该被最大限度地利用起来，例如丰年用来喂猪的橡子果，此时就是'救命粮'。"

"不过天下太平、粮食丰收的时候，吃饭就不愁了，"贾思勰接着说道，"常见的粳米饭、黍饭、粟饭、麦饭都吃得上，夏天还有不同种类的飧（sūn）饭——粟飧、麦飧、浆酪飧……吃起来清爽又解渴。说起这个飧饭，这里分享一个吃法上的小诀窍：吃之前千万不要直接把米放在浆中搅拌，而是要等米在调好的浆里自行散开，否则吃起来会有一股涩味。而对于多余的粮食，依然要想着储备，为了延长保质期，可以做成'粳米糗糒（qiǔ bèi）'或者'粳米枣糒'，这类干粮既能久存，又能远行携带。"

在农耕社会，收成的好坏对百姓生活影响巨大
甘肃嘉峪关魏晋墓壁画砖《播种图》

魏晋时期的农耕场景
甘肃嘉峪关魏晋墓壁画砖《耕种图》

"若是麦子收成好，还能跟面一起变花样做'面饭'，蒸熟后吃别有一番风味，"他又补充道，"丰年的面食堪称花样百出，像北方人偏爱的'胡饭'，其实就是一种饼，里面卷着酢（cù）瓜菹、炙肥肉和生菜，蘸特制的'飘薤（xiè）'甚为美味！"

　　"那您接着讲讲面食呗。"看我期待的眼神，贾先生笑着继续开讲。

插在瓶中的累累稻谷寓意粮食大丰收
明佚名《丰稔图》

古人收割麦子的场景
明佚名《耕渔图》局部

2. 面食寻亲记

　　"面食大家族里最常见的就是水引、馎饦（bó tuō）这类水煮的饼，区别在于，一个是韭叶面，一个是薄面片，尤其适合在寒冷的冬季食用。西晋束皙曾在《饼赋》里给出最高评价：'玄冬猛寒，清晨之会，涕冻鼻中，霜凝口外，充虚解战，汤饼为最'。若说待客方便，那就首推'棋（qí）子面'了，也叫'切面粥'，是先蒸后阴干的方形棋状的小面片，在冬季可以保存十日之久，想吃的时候直接拿来煮就行。"

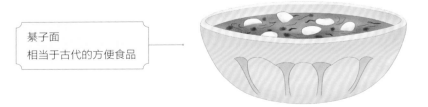

棋子面
相当于古代的方便食品

说到这里，贾先生故意调皮了一下："面食家族的远房亲戚'拨饼'和'乱积'不知你听说过没有？"真是没听说过啊，瞧我一脸茫然，贾先生笑呵呵地揭晓了答案。

"首先说拨饼，它不用和面，需要用到的是薄粥样的粉浆，也不是直接煮，而是在大铛中放入铜钵，以铛中的水温给钵加热，使倾入其中的粉浆均匀成形后再煮熟。滗出粉浆后过凉水，任意浇麻、酪食用，因成品酷似豚皮，吃起来分外滑美，所以又叫'豚皮饼'。乱积是用米屑制作的，用蜜水调匀、稀释后从特制竹勺的孔洞里面筛漏至铛中，再以膏脂煮之，有的地方也叫它'粲'（càn）。"

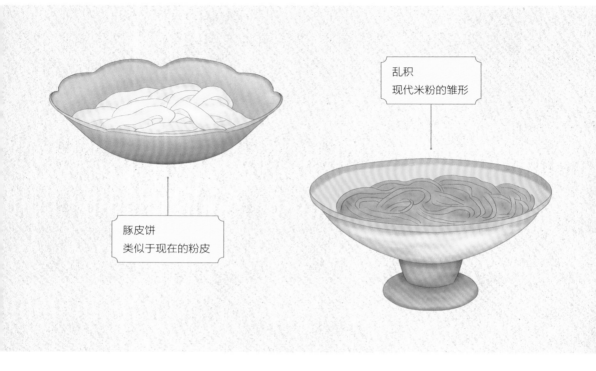

乱积
现代米粉的雏形

豚皮饼
类似于现在的粉皮

怎么跟我们的粉皮和米粉这么像？震惊之余，我发现面食家族里的另一支也在悄然改变，寻找各种可能性开枝散叶、壮大族系：撒点芝麻的饼已经不稀奇了，这里的烧饼和薄饼都带羊肉馅；每年寒食节的标配"寒具"，除了用蜜来和面，还能用枣汁和牛羊脂膏；若和面时再加入牛羊乳，就是此刻最受欢迎的"截饼"，脆如凌雪，入口即碎；甚至干脆不用面，直接将鸡子（鸡蛋）、鸭子（鸭蛋）打破，在锅铛中用膏油煎成团饼。

提到这两种蛋，我隐约记得最早的炒鸡蛋和咸鸭蛋好像就出现在贾先生的《齐民要术》里，于是赶紧现场求证了一下。

3.百花争妍的烹饪界成绩亮眼

"对，就是炒鸡子和杬（yuán）子（咸鸭蛋），"贾先生非常笃定地说道，"因为'炒'这种烹饪方式非常少见，而杬子的口味很特别，所以我就都记录在了书中。鸡子除了炒还可以瀹（yuè），'瀹鸡子'做法非常简单，把鸡子打散在沸汤中，浮起即吃，生熟刚好，用料也只需盐、醋两样。"这不就是现在的蛋花汤嘛，我好奇心顿起，立刻掏出笔记本向贾先生请教，结果收获了一众百花争妍的烹饪方式。

炒鸡子

当前占据主流地位的仍是"蒸、煮、炙"三巨头，随便伸手一指就是他们旗下的成员——蒸熊、蒸羊、缹（fǒu）豚、缹鹅、牛胘（xián）炙、炙蛎等。但后起之秀"腤（ān）""煎""消"也有自己独特的受众，如腤鸡、密纯煎鱼、勒鸭消。独行侠"奥""糟""苞"对于归入自己门下的食物各有要求："奥肉"需用腊月养肥的猪，"糟肉"必须使用酒糟，"苞牒（zhé）"对烂熟的要求极高。"酿"菜追求的则是不同食材带来的复合口感，代表作有用羊肚酿羊肉的"胡炮肉"和在白鱼里塞入肥嫩子鸭的"酿炙白鱼"。

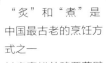

"炙"和"煮"是中国最古老的烹饪方式之一
甘肃嘉峪关魏晋墓壁画砖《烤肉煮肉图》

传统的"脯腊"界在五味脯和五味腊实验成功后，终于告别过去的单一食材模式，诞生了新的"度夏白脯"和"甜脆腊"。而在其他领域，鱼肉和猪肉目前是"鲊"（zhǎ）类的最爱；猪、鸡、鸭肉则被用来做成"绿肉"；"菹"有白菹和菹消，一个用鸡、鸭、鹅来制作，另一个用猪、羊、鹿制作。

制作脯腊、鲊等菜肴时，均需先将肉切成条或片或其他较小的形状
甘肃高台县魏晋墓壁画砖《切肉图》

记着记着突然发现，写了这么多，貌似只有一个蒸藕的素食，莫非肉食仍然处于一枝独秀的位置？还没等我提问，贾先生就打消了我的疑问。

4. 素食逆势上榜

"不过肉类做菹时的发挥空间比较有限，素食类潜力更大，如单一品种的荇菹、葵菹、蕨菹、蕺（jí）菹、瓜菹、胡荾菹、木耳菹、竹菜菹、紫菜菹，两两混搭的苦笋紫菜菹、菘根萝卜菹、胡芹小蒜菹、瓜芥菹，不太挑食材的咸菹、淡菹、汤菹等，虽说提到蔬薤一般还是以腌制为主，或像芋子酸臛（huò）、脍鱼莼（chún）羹这类作为荤食的配菜，但现在也开始出现专门的素食烹饪方法了。"

中国食笋的记录最早可追溯至西周时期，《诗经》中有"其蔌维何？维笋及蒲"的记载
清恽寿平《花果蔬菜册》之《竹笋图》

贾先生边说边掏出几张纸来，薄薄的纸张上记录的素食种类还不是太多：在油水中加各种调味料煮来吃的"焦瓜瓠、焦汉瓜、焦菌、焦茄子"占比最大；接下来是羹类，葱韭羹、胡麻羹、瓠羹；"膏煎昆菜"和"薤白蒸"稍微特别一点，一个做法比较简单，用油煎熟即可食用，另一个做法甚为复杂，不过最终的口感应该更好；还有一个"蜜姜"，跟蒸藕一样，制作时都用到了蜜，属于少见的甜口菜。

纸张最后写着"梅瓜、八和齑（jī）"，但是并没有具体的做法，原来贾先生正准备去寻访擅长制作的人，以补足这份食谱。他询问我愿不愿意一同前往，反正左右无事，我欣然应允。

茄子是中国引进较早的蔬菜之一，早在《齐民要术》中便已有了栽培方法的记载
清恽寿平《花果蔬菜册》之《茄子图》

5. 水果：不止可鲜食、做果脯，还是干粮、下酒菜

沿途风景如画，不知不觉到了中午饭点，贾先生拿出他带的白饼分给我，我咬了两口，感觉这东西扛饿倒是扛饿，就是吃起来太干了，差点被噎到。这时，贾先生神秘兮兮地拿出一块东西，在碗中混水一冲递给我，我接过喝了一口，竟酸甜十足，再咬口白饼，居然别有滋味。配着这水浆，我一口气吃了三个白饼，饥渴俱解。贾先生告诉我这是用枣做的一种粉末状食物，名"酸枣䴸（chǎo）"，不仅可以和水为浆饮用，远行的时候还可以拿来和米一起食用，又解饿又解渴，而且除了枣子，还能用其他水果做成柰䴸、林檎䴸、杏李䴸等。

"我以为你们的水果除了直接吃就是做成果脯呢，没想到还有这一招！"我赞叹道。

贾先生解释道："其实跟做枣脯、柰脯道理一样，主要都是为了保存得更久一点，桃子烂了还能做成'桃酢'（醋），其他水果坏了就没法吃了。你看这树上的李子，到了夏天刚刚变黄的时候，人们会先摘一部分下来，盐渍后再反复晒、捻制成'白李'，便是绝佳的下酒菜，饮酒时只需先洗一下，再渍于蜜中即可。"

"来禽"即林檎，俗名花红
宋林椿《果熟来禽图》局部

古人会收集熟透并自行掉落
的桃子，贮存在瓮中造醋
宋李志《桃枝翠鸟图》局部

"什么？水果都能做成下酒菜，那是有多爱喝酒啊！"我惊讶道。贾先生哈哈大笑，吟起了曹孟德的诗句："对酒当歌，人生几何……何以解忧，唯有杜康。"（《短歌行》）

6. 喝的不是酒，是解忧水

魏晋时期，政治混乱、社会动荡，只有酒才能让人们暂时脱离现实的苦闷，获得一丝慰藉和快乐，正所谓"一酌千忧散，三杯万事空"（唐贾至《对酒曲二首·其二》）。尤其对于文人雅士来说，不仅自身抱负在现实社会中难以实现，稍有不慎还会招致政治灾祸，不如远离朝堂，纵情山水，饮酒作赋。久而久之，整个社会饮酒之风渐盛。

魏晋名士的隐逸生活
元钱选《七贤图》局部

贾先生说着从随身携带的行李里掏出一札手记，那上面都是他收集整理的各种各样的酿酒方子以及不同酒曲的制作方法，种类确实不少：名字直白一点的如黍米酒、糯米酒、粳米酒、粱米酒、粟米酒等，用什么酿的就叫什么名；还有依据不同酿制时间来命名的，如腊酒、冬米明酒、夏米明酒、七月七日法酒、三月三日法酒；以及用酒曲名字来取名的，如神曲酿的神曲酒、白醪麴（liáo qū）酿的白醪酒、颐麴酿的颐白酒等。

其中颇为有趣的是魏晋时期传下来的"碧筒酒"，它其实并不是特指某一种酒，而是一种饮用方式。人们于夏季三伏天避暑时用大莲叶盛酒，然后"以簪刺叶，令与柄通"，再相互传饮。因"酒味杂莲气"，故"香冷胜于水"（唐段成式《酉阳杂俎·酒食卷》），夏日饮用极佳。至于莲叶内装的是"桑落酒"还是"颐白酒"，倒没那么重要。

魏晋名士陶渊明归隐后漉酒的生活情景
明丁云鹏《漉酒图》局部

而最有文人气息的则非"曲水流觞"莫属，"书圣"王羲之曾在《兰亭集序》中以极优美的文字呈现了这经典的一幕：以天然河道引为流觞曲水，大家列坐其次，周围茂林修竹，酒杯（即觞）漂到谁面前，谁就端起一饮而尽，再吟诗作赋、畅抒胸臆，"虽无丝竹管弦之盛，一觞一咏，亦足以畅叙幽情。"

受魏晋文人雅士追捧的"曲水流觞"　明仇英《修禊图》局部

"咦，这个'粟黍法'怎么读着不像酿酒的方子啊？"我好奇地问。贾先生看了一眼，说道："这个呀，是我记的做粽子的方法，还没跟'糵'（yè）整理到一起呢。"

"粽子？是端午节吃的吗？"

7. 粽子正式成为端午节"代言人"

先生一脸"你怎么知道"的表情说道："对呀，不仅端午，夏至时我们也吃，这种习俗大概是从晋代开始的吧。一般用黍米来做，将黍米拿菰叶裹成牛角状之后，再用枣栗灰汁煮至熟透，所以人们也叫它'角黍'。"

"天中"是端午节的别称，图中的应节之物中就有粽子，即角黍
元佚名《天中佳景》图轴局部

古人包粽子的场景
清徐扬《端阳故事图册》之《裹角黍》局部

对于古时的人来说，很多节气其实也是节日。立春吃春菜迎新，立冬则喝赤豆粥驱瘟，而三伏天选择的是吃汤饼来辟恶。以前元日（正月初一）喝椒柏酒、重阳饮菊花酒的习俗仍然不变，但寒食节的食物变成了"干粥"和"环饼"（寒具），由于节日期间禁烟火，家家都要提前煮"醴酪"。"人日"（正月初七）这一天，逐渐开始流行吃煎饼和菜羹，上元节（正月十五）有了独属的豆粥和膏粥，上巳节（三月初三）的龙舌饼要取鼠曲草汁加蜜和粉……

说回粽子，虽然成为端午"代言人"的时间并不长，但还是被开发出好几个新品种。由于制作时多采用菰叶，筒粽在此时已不再流行，人们开始别出心裁地往粽子里添加其他食材，最知名的是加了中药材益智仁的"益智粽"，而南方人最爱的是内含混搭食材的"杂粽"。不过论丰富程度，还是这个时代光怪陆离的饮食故事更胜一筹！

 # 二、时代怪象：论饮食地位，宫廷还得尊称贵族一声"姐"

1. 求来的"醒酒鲭鲊"

南齐有一位虞悰（cóng），不仅是当朝大官，还是一位美食家，估计厨艺也相当不错，不然不会得到"善为滋味，和齐皆有方法"（南朝梁萧子显《南齐书》）的评价，本来还著有饮食专著《食珍录》一书，可惜后来失佚了。

当时的皇帝齐武帝向虞悰要"扁米粣（cè）"吃，虞悰二话不说就送了数十车包括扁米粣在内的诸多佳肴，传说其味之美连宫里太官（宫中厨师）的厨艺都远不能及。皇帝好生羡慕，多次想求些饮食秘方，然而虞悰坚决保密，不予公开。直到有一天，皇帝喝醉了，觉得身体很不舒服，虞悰才献上"醒酒鲭鲊（qīng zhǎ）"一方而已。我怀疑这位皇帝是不是故意作秀，好让虞悰心有愧疚，说出些秘方来。不过，堂堂一国之君尚且需要用如此之法来讨要一位大臣的饮食秘籍，也真是那个时代才有的怪象！

扁米粣
"粣"有两种解释，一为粽子，一为熟米粉和羹。因为这里提到"扁米"二字，故倾向于将其理解为类似粽子的食物

醒酒鲭鲊
魏晋南北朝时期，饮酒之风盛行，醒酒食物也随之流行。"鲭鲊"应为鲭鱼制作的鱼鲊

2. 被比下去的帝后最爱

当南齐帝后平生最爱的不过鸭臛、炙鱼、菹菜、肉脍、脯酱、面起饼等"普通"食物时，早先的晋朝贵族就已吃得十分讲究。譬如这位史上留名的"弘君举"，自述用料需选"大市覆罂之蒜、东里独姥之醯（xī）""㵎（shè）湖独穴之鲤、赤山后陂之莼""太湖天头之白兰、肉乳之豚、饥仓之鸡"，吃食得"罗奠碗子，五十有余"，包括牛捣、炙鸭、熊白、獐脯、糖蟹、濡台等。酒足饭饱之后，还应有"蔗浆、木瓜、元李、阳梅、五味橄榄、石榴、玄拘、葵羹脱煮，各下一杯"。（宋《太平御览·饮食部》）真真是赛过皇帝啊！

魏晋贵族饮宴的场景
甘肃嘉峪关魏晋墓壁画砖《宴居图》

豪奢的气势顿时扑面而来，还来不及探究这些都是什么，我就被旁边急匆匆跑过的人群吸引了注意力，原来是大家赶着到前面一家店铺排队。虽然不知道他们要干什么，但凑热闹我最在行，赶紧顺势跟一个！

仆从依次献食的场景
甘肃嘉峪关魏晋墓壁画砖《饮食图》

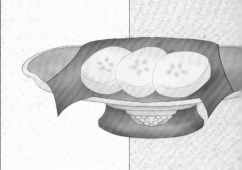

隋唐五代

上层阶级食风奢靡，『看食』独树一帜，『分食』逐渐让位于『合食』。

糕饼点心『有颜有料』，『鱼脍』文化走出国门，药膳顺势兴起，『茶圣』陆羽开创茶饮盛世。

一、开启"民以食为天"的繁荣时代

1. 老百姓对美食的热爱都融进了节日里

我边排队边跟前面的大哥打听情况，大哥一脸诧异："这是'张手美家'呀，很有名的，你不知道吗？日常'水产陆贩，随需而供'（宋陶穀《清异录》），每逢过节则专卖一物。今天上元节，他家会卖'油画明珠'（一种油饭），我们都提前赶着来排队，怕来晚就买不到了。"

由于队伍还很长，大哥索性开始跟我介绍张手美家的节日特产：元日卖"元阳脔"，人日卖"六一菜"，二月十五卖"涅盘兜"，上巳节卖"手里行厨"，寒食节卖"冬凌粥"，四月八日卖"指天馂（jùn）馅"，重午卖"如意圆"，伏日卖"绿荷包子"，春秋二社卖"辣鸡脔"，七夕卖"摩侯罗饭"，中秋节卖"玩月羹"，中元节卖"盂兰饼馉（dàn）"，重九卖"米锦"，冬至卖"宜盘"，腊日卖"萱草面"，腊八卖"法王料斗"。

看我被震撼到的表情，大哥继续得意地说道："这些只是他家售卖的特色产品，我们过节吃得比这更丰富。立春的时候可以自己在家准备'春盘'和'浆粥'；元日时会做'五辛盘'，吃'胶牙饧（táng）'，饮'屠苏酒'；人日的'六一菜'要配煎饼；上元节的时候，大街小巷随处都可以买到'丝笼、玉梁糕'；寒食节家家必备'寒具'和'子推蒸饼'，除了冬凌粥，还可以吃桃花粥或者饧粥；到了重午，吃粽子是必须的，艾叶酒和菖蒲酒也要喝，富贵人家还会举办小型的'射粉团'娱乐活动；七夕时一定要有'乞巧果子'，制'同心脍'，造'明星酒'；到了重九，人人都要吃糕，喝茱萸酒……"

乞巧节即七夕节，在古代又称"女儿节"，古代女子们会在这一天举办乞巧活动，图中大托盘内推测为"乞巧果子"明仇英《乞巧图》局部

古人认为艾草有辟邪的功效,因此在端午这天会悬挂艾草并饮艾叶酒
清徐扬《端阳故事图册》之《悬艾人》局部

唐朝宫人在端午节这天举办"射粉团"活动的场景
清徐扬《端阳故事图册》之《射粉团》局部

　　话还没说完,队伍就排到跟前了。大哥买了"油画明珠"后要赶着回去与家人一起过节,就匆匆跟我告了别。我顺便也买了一份,正准备边吃边逛,抬眼就发现路边一家驿舍里有位士人正在跟其他人热情分享他带的美食,贪吃的我迅速凑了上去。

2."饼食"遭遇职业新挑战——有"颜"还得有"料"

　　只见士人笑吟吟地将炉饼排开,竟是五种不同的形状,细细品尝,其中的馅料吃起来也各不相同。面对众人的询问,士人淡定回复说这叫"五福饼"。惊叹之余,大家你一言我一语地讨论起各种各样的饼来。

新疆吐鲁番阿斯塔那唐墓出土的小馕,即古代的炉饼

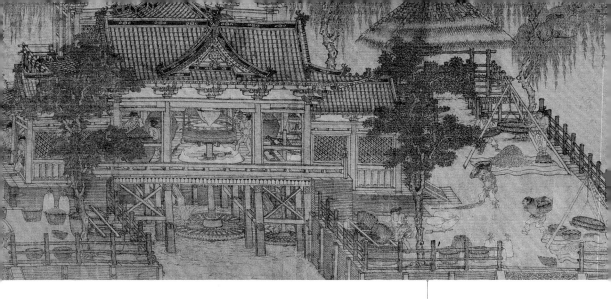

隋唐五代的面食相较以前种类、花样更加丰富，画中为磨面的作坊
五代卫贤《闸口盘车图》局部

在有颜又有料这方面，"莲花饼馅"算是做到了行业头部，据说"郭进家能做莲花饼馅，有十五隔者，每隔有一折枝莲花，作十五色"（宋陶穀《清异录》）。这么出色的手艺传言出自周世宗流落宫外的女婢，曾号"蕊押班"，寓意"花点总监"。类似的糕点还有鸳鸯饼、天喜饼、云雾饼、曼陀样夹饼、撮高巧装坛样饼、花餤、春分餤、珑璁（cōng）餤、驼蹄餤……但大多为宫廷或权贵之家所造。

民间稍具名气的是广州一种用生熟粉做的"米饼"，规白可爱、薄而复肕（rèn），乃当地食品中的珍物。高州的一种用薯做的"麻饼"外形略普通了一点，但吃起来极美味。对比碎肉做的"同阿饼"、羊肝做的"羊肝饼"、鸡臁做的"薄夜饼"，只有富豪之家才吃得起的"古楼子"堪称馅饼中的王者。馅料使用了多达一斤的羊肉，层布于巨型胡饼中，润以酥，隔中以椒、豉，入炉烤至肉半熟即可食用，是名副其实的"巨无霸"！

有些"料"很务实，有些"料"却很传奇。如五代时期的一种"大饼"，是由一个叫赵雄武的人研制出的，每三斗面擀一枚，大于数间屋，无论大内宴聚还是豪家广筵，一张足矣，外人无从知晓其中精妙，这位"严洁奉身，精于饮馔"（宋李昉《太平广记》卷二百三十四）的赵雄武因此得名"赵大饼"。另有专门用来赏赐新科进士的"红绫饼餤"，凭借自身强大的名气，根本无须在硬件条件上苦下功夫，亦能冠绝当时。唐代诗人卢延让曾因年老被轻视，转而写出"莫欺零落残牙齿，曾吃红绫饼餤来"的诗句来反击，得意之情溢于言表。

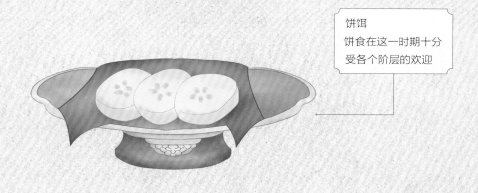

饼饵
饼食在这一时期十分
受各个阶层的欢迎

　　大家谈论得太过兴奋，转眼间就到了饭点，众人邀请我留下与他们共进午餐，刚好品尝一下店家新上的"鱼脍"。

3.鱼脍：自此流传日本，成为刺身鼻祖

　　略微有点担心寄生虫和肠胃问题的我本想婉拒，奈何抵不住大家的盛情邀约，甚至杜甫的诗"鲜鲫银丝脍，香芹碧涧羹"（《陪郑广文游何将军山林十首·其二》）都被搬出来作为强烈推荐的理由之一。我一下来了兴致，没想到印象中一般用来炖汤的鲫鱼不仅能做生鱼片，居然还被"诗圣"力荐过！

"诗圣"杜甫也是鱼脍爱好者
元赵孟𫖯《杜甫像》局部

好客的众人告诉我，做脍最好的是鲫鱼，配芥酱最佳。而鳊（biān）鱼、鲂（fáng）鱼、鲷（diāo）鱼、鲈（lú）鱼就属于次一等的了，唐代杨晔撰烹饪书籍《膳夫经手录》中评"脍，莫先于鲫鱼，鳊、鲂、鲷、鲈次之"，而鲚（jì）鱼、黄鱼、竹鱼则更为下等。至于其他的鱼类，那都是强行为之，上不了台面。

鲫鱼
宋刘寀《群鱼戏藻图》局部

"没想到小小的鱼脍竟有大大的学问！"对于我的吃惊，众人有些得意地说："那是自然，盛唐时期，日本派使者前来交流学习，就把鱼脍的做法带了回去。因为他们那里四面环海，鱼类资源丰富，可以就地取材，吃起来既美味又方便。听说后来在日本很是流行……"

大伙儿兴高采烈地边吃边聊，旁边小姐姐见我吃得有点少，便小声问是不是不合口味，要不要一会儿带我去"花糕员外"家买糕吃。

4. 俘获小姐姐芳心的 100 种方法，糕点必须排进前三

吃糕？这个我喜欢，吃完饭二话不说就跟着小姐姐去买糕了。我在路上问她："为啥这家店要叫'花糕员外'呢？"小姐姐憋住笑告诉我，其实人家本不叫这个，因为生意太好了，卖糕的老板就用赚的钱捐了个员外郎的官做，刚开始大家只是私底下偷偷地叫，后来慢慢传开了，老板干脆也就默认了。

我想，他家的糕点肯定很好吃，卖到老板都发财了。到店一看，果然生意兴隆。趁排队的间隙，我刚好和小姐姐商量一下买店里的哪几款。主打产品"满天星、金

糕糜、员外糁（shēn）、花截肚、大小虹桥"肯定都要，又挑了新上的"木蜜金毛面"
和"糁拌"，其他的等吃完再来吧。吃的时候才发现，他家的糕点还真的款款带花，
有的"外有花"，有的"内有花"，果然当得起"花糕"的称号。

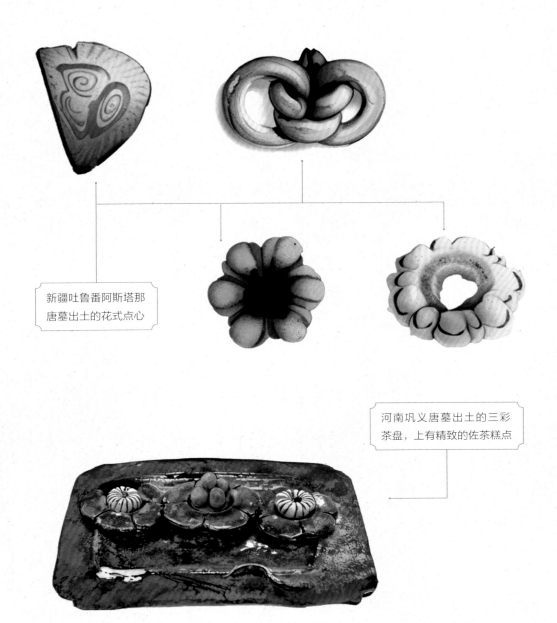

新疆吐鲁番阿斯塔那
唐墓出土的花式点心

河南巩义唐墓出土的三彩
茶盘，上有精致的佐茶糕点

小姐姐告诉我，她和她的小姐妹们超爱各种糕点，除了是糕点铺的常客，每年春天还会一起去采松花做"小精糕"，不仅美味，吃了还能美容养颜。不过最让她难忘的是曾经在一位好姐妹的生日宴上吃过的"水晶龙凤糕"，据说是从唐朝高端宴会"烧尾宴"上流传下来的，"枣米蒸破见花，乃进"（宋陶榖《清异录》），吃起来软糯香甜，甚为可口。至于传闻中的其他糕点，"玉露团、贵妃红、金铃炙、透花糍、花折鹅糕"这些却无缘得见，只能靠名字来想象它们的美味。

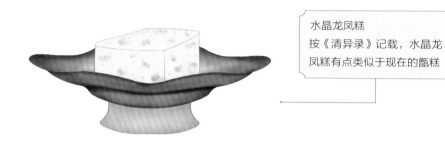

水晶龙凤糕
按《清异录》记载，水晶龙凤糕有点类似于现在的甑糕

不知是吃得太快，还是听得太入迷，我一不小心被噎到了，本想就近找个茶铺买碗茶喝，结果小姐姐提议去她家，她亲自"出品"。茶水配糕点，"下午茶"的既视感呼之欲出。那还等什么，我当即应允！

5. 茶被陆羽"收编"后，一战成名

小姐姐家收拾得很整洁，招呼我坐下后，就开始准备煎茶的一系列器具。只见她先用"竹夹"（小青竹为之，长一尺二寸，令一寸有节，节以上剖之）取出一块"饼茶"放在文火上不停翻转烤炙，直至茶饼烤出培蝼（lǒu）状，如蛤蟆背，且不再冒水汽为止。然后将其贮于"纸囊"中，这样可在等待茶饼冷却的过程中防止茶香外泄。冷却之后，再将茶饼放入"碾"[以橘木为之，次以梨、桑、桐柘（zhè）为臼，内圆外方]里磨成粉末，又经"箩"（一种竹制器皿）筛滤，最后盛于"合（通'盒'）"内。

唐人煎茶的场景，图中出现了风炉、茶夹、茶碾等茶具
唐阎立本《萧翼赚兰亭图》（宋摹本）局部

茶夹
风炉
茶碾

唐代名士卢仝烹茶的场景，
图中一位老仆正提壶取水而来
明丁云鹏《玉川煮茶图》局部

听我称赞她们喝茶仪式感十足，小姐姐微微一笑，说这些其实都源自陆羽先生《茶经》中的煎茶法。若是在王公贵族家中饮茶，则程序更为繁复，需备齐二十四器，缺一不可。小姐姐还说，按照陆羽先生的标准，煮茶之水的品次排行应为"山水上，江水中，井水下"，刚好家里有她父亲昨天从江中打回来的水，虽不及乳泉石地慢流而出的山水，但尚可一喝。边说边将过滤之后的江水注于"鍑"（fù，茶釜）内，然后放置在"风炉"上开始煮水。

唐朝宫廷仕女饮茶演乐的场景
唐佚名《唐人宫乐图》

茶碗

见我饶有兴致，小姐姐边煮边给我讲解："现在水刚开，沸如鱼目，微微有声，称为'一沸'，此时就可加入一些盐到水中调味。"

"什么，盐？"看我吃惊的模样，小姐姐耐心解释道："以前大家煮茶喝的时候喜欢在里面加葱、姜、枣、橘皮、茱萸、薄荷之类的'佐料'，后来陆羽先生在书中提出此法如'沟渠间弃水'，不可取，只需加点盐巴调味即可，先前的方法才逐渐被摒弃。"

这时镬缘边如涌泉连珠，是"二沸"了。小姐姐赶紧拿"瓢"舀出一瓢水放在旁边备用，再以"竹筴"（以桃、柳、蒲、葵木为之，或以柿心木为之，长一尺，银裹两头）环激汤心，同时用"则"（一种量器，用铜、铁、竹等材质制成）量好茶末倒入釜中心，一般"煮水一升，用末方寸匕"，但也可以依据自己对于浓淡的喜好酌情增减。

到"三沸"的时候，镬中之水腾波鼓浪，小姐姐赶忙将刚才舀出来的那瓢水再倒进镬内，沸即止，煎茶成，此时不可再继续烹煮，否则"水老不可食也"。

因陆羽先生在《茶经》中曾评："越州瓷、岳瓷皆青，青则益茶，茶作白红之色""越瓷青而茶色绿"，所以小姐姐用越窑青瓷茶碗来酌分茶汤，增进茶的水色。边分边说这"沫饽（bō）"是茶汤的精华所在，一定要注意分得均匀，一般煮水一升，最多酌分五碗，第一、第二和第三碗最佳，第四、第五碗次之，还要趁热连饮，方能体验"珍鲜馥烈"之感。我赶紧照做，然后一边喝茶、吃着糕点，一边听小姐姐讲"茶圣"陆羽的故事，享受着"落日平台上，春风啜茗时"（唐杜甫《重过何氏五首·其三》）的惬意。

传说陆羽幼时因相貌丑陋遭到亲生父母的遗弃，后被龙盖寺的智积和尚收养，本来师傅想让他继承衣钵，但他没有听从师傅的安排，而是勇敢去追寻自己喜欢做的事，花费毕生精力潜心研究茶学，终于著成《茶经》，并改变了茶在人们生活中的地位。陆羽对茶业的发展作出了卓越贡献，因此被后世尊为"茶圣"。

元赵原《陆羽烹茶图》局部

原本茶在问世之初只是作为一味药物使用，后被煮做羹饮，直至魏晋，"可煮为饮"的概念逐渐流行，人们还认识到"其饮醒酒，令人不眠"（三国魏张揖《广雅》）。而自《茶经》问世后，从"茶道大行，王公朝士无不饮者"（唐封演《封氏闻见记》）到"天下益知饮茶矣"（《新唐书·隐逸传》），不仅茶的品种日益增多，还有不少名茶问世。浙江湖州的"顾渚紫笋"因被陆羽评为上品，遂成贡茶；剑南的"蒙顶石花"，号为第一；山南以峡州茶为上，有"碧涧、明月、芳蕊"等；岭南福州则有"方山之露牙"……

由于聊得太过投机，不知不觉外面天色已晚，小姐姐一家人盛情挽留我吃晚饭。伯母说她今天特意按照食疗书籍上的方子做了"地黄粥"，正月吃最合适不过。"药膳"终于登场了，我就恭敬不如从命啦！

6. 食疗药膳在饮食界初露锋芒

可能是地黄粥中加了盐、椒、生姜等作料的缘故，掩盖了部分地黄汁的苦味，吃起来还不错。伯母说我要是爱吃就多留两天，再给我做"防风粥"和"紫苏粥"吃，正月最宜食粥了。看伯母这么热衷于研究食补，求知欲满满的我赶紧询问他们每个月都吃什么来养生。

"三月嘛，可以饮'松花酒'，一天三次，久服宜人；四月宜进温食、服暖药，适合吃'羊肾臛'，兼治眼暗及赤痛，若是每天早晨空腹来碗'附子汤'就更妙了；五月可以喝'五味子汤'；六月天气炎热，要多饮'乌梅浆'和'木瓜浆'，生津止渴；七月暑气来袭，宜食'竹叶粥'，以稍冷为佳；八月一定要喝'三勒浆'，味至甘美，饮之消食下气，若过了此月则效果不佳；九月宜进'地黄汤'；十月宜进'枣汤'；你伯父酿的这个'钟乳酒'一般从冬月开始喝，可以一直喝到立春，不仅补骨髓、益气力，还能祛湿。来，你尝尝。"

"药王"孙思邈在其医学著作《千金方》中明确提出了食治的概念
明王世贞辑《有象列仙全传》之《孙思邈》

唐人嗜酒,诗仙李白更是号称"斗酒诗百
篇",伴随中医学的兴盛,药酒也逐渐流行
元任仁发《饮中八仙图》局部

我小抿一口,确实药味十足。这下伯父来了精神,说吃完饭要带我去参观他酿的
其他药酒,如肥健延年的"枸杞酒"、能治百体虚劳的"鹿骨酒"、会令白发返黑的"白
术酒"、使人"好颜色"的"葡萄酒",以及"姜酒""葱豉酒"等。这些药酒搭
配伯母研制的各种药膳来吃,虽然年岁渐长,但他们感觉似乎比过去更年轻了。

不过就算是药酒,酒量不佳的我也只敢浅尝两口,不然喝醉了影响明天跟小姐
姐的"逛吃"之旅。

二、窥探宫廷贵族美食,到处都写着"奢华"

1. 从《食经》残单一瞥隋朝风味

第二天一大早我们就起程了,正逛得起劲,突然发现旁边驶过的马车上掉下来
两页纸,还有点皱巴巴的。捡起来一看,字迹虽然有点潦草,但"谢枫""食经"
倒是写得很清楚。小姐姐眼睛一亮,说:"是不是做过隋炀帝'尚食直长'(相当
于古代宫廷厨师长)的那个谢枫啊?赶紧瞅瞅这个食经都写了什么。"

纸上记录了一系列高端的菜名。"脍"类最受欢迎,除醒目的"鱼脍"以外,

北齐武威王生羊脍、天真羊脍、拖刀羊皮雅脍推测应该都是用羊做的，至于后面的飞鸾脍、咄嗟脍、专门脍、天孙脍，就有点不太懂是什么了。

羊肉相比其他肉类得到的偏爱显然更多一些，受少数民族饮食影响，隋唐五代时期羊肉在肉类饮食中占比逐渐增大，除了做"脍"，还有露浆山子羊蒸、高细浮动羊、烙羊、修羊宝卷、鱼羊仙料等美味。

宋佚名《山羊图》局部

当然，宫廷权贵的餐桌上必然不会如此单调，白消熊、剔缕鸡、加料盐花鱼屑、连珠起肉、无忧腊、千日酱、龙须炙、金装韭黄艾炙、干炙满天星、暗装笼味、爽酒十样卷生等菜品，涵盖了多种多样的食材原料和烹饪方式。

至于细供没葱羊羹、剪云析鱼羹、香翠鹑羹、折筯（zhù）羹、春香泛汤、十二香点臛，应该都是汤羹一类。

主食的名字也相当文艺：汤装浮萍面、新治月华饭、越国公碎金饭。其中碎金饭的名字让我怀疑是不是就是最早的蛋炒饭。

越国公碎金饭
据现代学者考证推测，"碎金饭"疑为现在蛋炒饭的雏形

最让我俩激动的还是那些糕饼点心，听着一个比一个诱人：花折鹅糕、紫龙糕、千金碎香饼子、云头对炉饼、滑饼、含浆饼、乾坤奕饼、杨花泛汤粹饼、急成小饮、朱衣饮、添酥冷白寒具、象牙馄（duī），等等。

这份菜单看得我俩口水直流，小姐姐特别遗憾地说烧尾宴的水晶龙凤糕她好歹还吃过，可这上面的糕点真是一样都没见过。我就有点纳闷了，她不断提及的这个"烧尾宴"究竟是个什么宴啊？

添酥冷白寒具
寒具类似于现在的馓子，是古代寒食节的重要食品之一，也是一款美味的点心

2. 烧尾宴——唐朝高端美食的代表作

"烧尾宴主要流行于唐中宗年间，是当时官员获得升迁之后举办的顶级欢宴，其奢华程度非曲江宴、鹿鸣宴之类可比，后因唐玄宗即位后提倡节俭之风才逐渐消退。当年韦巨源官拜尚书令，就依例向唐中宗进献了一场极其奢靡的烧尾宴，那菜单上名目可多了，我就只记住了一些比较稀奇的。"小姐姐跟我娓娓道来。

南唐贵族聚会饮宴的场景，桌上摆着各样美食，还有琵琶演奏助兴
五代顾闳中《韩熙载夜宴图》局部

"赶紧说来听听。"我迫不及待地催促道。小姐姐提议我们不妨先找个地方坐下来，边吃东西边聊，不然肚子会听饿的。

果然能把人听饿呀，光菜肴的种类就够让人眼花缭乱，天上飞的、地上跑的、水里游的，不管是家养的还是野生的，通通能弄上餐桌。"有牛做的水炼犊、通花软牛肠，羊做的羊皮花丝、红羊枝杖、格食、逡巡酱，驴做的暖寒花酿驴蒸，猪做的西江料，鸡做的葱醋鸡、仙人脔，鹅做的八仙盘，鱼做的乳酿鱼、凤凰胎、白龙臛，活虾做的光明虾炙，蛤蜊做的冷蟾儿羹，蛙做的雪婴儿，熊做的分装蒸腊熊，羊舌和鹿舌做的升平炙，羊、豕、牛、熊、鹿五种极嫩生肉做的五生盘，兔子做的卯羹，狸肉做的清凉臛碎，鹌鹑做的筋头春，内脏做的蕃体间缕宝相肝……"

宋法常《水墨写生图》局部

为保护农业生产，唐朝律令严禁宰牛吃牛，一般只有上层阶级才有机会食用牛肉
唐韩滉《五牛图》局部

宋赵佶（传）《红蓼白鹅图》局部

明徐霖《菊石野兔图》局部

烧尾宴不仅材料丰富，做法也不能"混然众菜"。"御黄王母饭"必须肉菜蛋俱全；"长生粥"要用各种进贡的珍贵食材来熬制；"汉宫棋"虽然只是棋子面，但也要做成钱币形状且印上花纹；"鸭花汤饼"则由厨师当面为食客煮出；最令人叫绝的是"二十四气馄饨"，花形、馅料各异，共二十四种，很可能是以二十四节气为主题制作的。

　　另有腌制的"吴兴连带鲊"，先做造型、后风干的"同心生结脯"，以醋佐食的"丁子香淋脍"，以及缠花云梦肉、遍地锦装鳖、汤浴绣丸、红罗飣、过门香等等。无论什么美食，首先在取名上就不能落了下乘。

　　更让人震撼的，还是烧尾宴上的各种点心。除了之前提到过的水晶龙凤糕、贵妃红、玉露团、金铃炙，还有蜜淋的"赐绯含香粽子"、蒸制的"婆罗门轻高面"、用剔好的细碎蟹肉做的"金银夹花平截"、酥蜜寒具"巨胜奴"，以及单笼金乳酥、小天酥、双拌方破饼、八方寒食饼、见风消、火焰盏口馓、金粟平馓、唐安餤、天花毕罗、甜雪……随便拿一样出来，都能打开味蕾新天地。

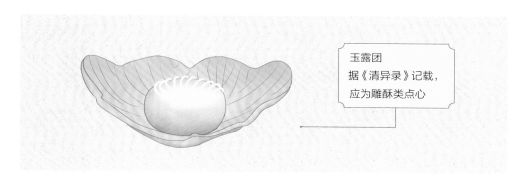

玉露团
据《清异录》记载，
应为雕酥类点心

贵妇所坐为唐朝时流行的"月牙凳"
唐周昉《内人双陆图》局部

　　"还好唐朝已经有了桌凳，不然像以前一样跪坐着进食，这一顿宴席吃下来，腿都麻了。"小姐姐接着补充道。听到这里我才恍然，原来这个时候的用餐方式已经开始从"分食制"逐渐向"合食制"转变了呀。

　　突然，小姐姐像想起了什么似的，双手一拍，激动地说道："对了，差点忘了告诉你，烧尾宴上的'看食'也是一绝！"

3.看食：一场视觉的饕餮盛宴

"看食？是用来看的吗？"我疑惑地问道。

"差不多是这意思，主要是让人们欣赏的。听我爷爷说，以前唐朝宫中御厨进馔时，都会先上看食，一般将食物装在九枚牙盘里呈上，因此又名'九飣饾（dòu）'。不过烧尾宴上的'素蒸音声部'更绝！"小姐姐激动地挥手比画着："'音声部'相当于唐朝的歌舞乐团，而'音声人'则是对其中乐工、歌舞伎这些个体的称呼。'素蒸音声部'就是先将面食做成宛若蓬莱仙子的音声人模样，再蒸熟出笼，然后按次摆放在宴席桌上，一共七十个，形态各异、栩栩如生，相当华美壮观！"

正在进行表演的南唐乐伎
五代顾闳中《韩熙载夜宴图》局部

侍女双手所握的五足盘属于牙盘的一种
陕西渭南唐代房陵大长公主墓壁画《持果案侍女图》

"那看完了这些食物还吃吗？"

"这我也不太清楚，不过比丘尼'梵正'做的'辋（wǎng）川图小样'肯定能吃。虽然从严格意义上来说，它并不属于看食范畴，但比看食更加精妙绝伦。梵正会先用鲊、臛、脍、脯、醢、酱、瓜、蔬等食材拼制成不同的景物，使每人面前的盘食单独为一景，等坐满二十人，则可合成辋川图小样，呈现出唐代诗人王维在《辋川图》中所画的美景，见过的人无不称奇。"

"真是高手在民间啊！"我不禁赞叹道。

"不过绝大多数厉害的美食还是诞生于宫廷或者高官权贵之家，我们也就听个传说，难得一见。"小姐姐感慨道。

"什么'厉害'的美食？给我讲讲呗。"好奇心满满的我立即举手提要求。

宋郭忠恕（传）《临王维辋川图》局部

4. "御赐美食"与"衣冠家名食"究竟长什么样

传说唐睿宗听闻玉真公主平日吃素，就命人以"九龙食舆"装上"逍遥炙"赐给她食用，这"逍遥炙"神秘得很，没人知道是什么。更夸张的是唐懿宗，实在太宠爱他的女儿同昌公主了，不仅在公主出嫁时赐珍宝无数，还由于担心公主婚后生活水准下降，平日里经常赏赐各种珍馐美味，其中最为人们津津乐道的是"灵消炙"和"红虬脯"。

灵消炙据说是用羊肉制作的，只不过"一羊之肉，只取四两"，即使经过盛夏酷暑也不会腐坏。红虬脯的用料做法虽不清楚，但模样是"红虬脯非虬也，但伫于盘中则健如虬。红丝高一尺，以箸抑之无数分，撤则复其故"（唐苏鹗《杜阳杂编》）。这些一般人可能听都没听过，见了也不知道是什么的美食，在公主家就如同糠秕（bǐ）一样，根本算不得什么。更别说宫廷御酒凝露浆、桂花醅（pēi），名茶绿花、紫英之类的，那都是餐桌常客。相对而言，五代南唐宫廷流行的五色馄饨、子母馒头、蜜云饼、红头签、铛糟炙就显得"日常"多了，就连被隋朝视为奢侈贡品的"缕金龙凤蟹"也相形见绌。

缕金龙凤蟹
吴中官员以本地特产糖蟹、糟蟹进贡给隋炀帝，为追求奢华，均将缕金龙凤花纹贴在擦拭干净的蟹壳表面

小姐姐边介绍边点评，她认为唐朝人对吃有自己的讲究和标准，从《酉阳杂俎》（唐段成式）中记载的"衣冠家名食"就能窥见端倪："萧家馄饨"，其汤不肥，可以瀹茗；"庾（yǔ）家粽子"，白莹如玉；韩约发明的"樱桃毕罗"，熟后樱桃色泽不变；将军曲良翰能为"驴鬐驼峰炙"；而郭崇韬家最擅长制作果品蜜煎（即蜜饯），会依据不同品类选择使用蜂蜜、蔗糖、川糖、白盐及药物等材料，采用煎、酿、曝、糁等方式，制成名噪一时的"九天材料"。

樱桃是唐朝最受欢迎的水果之一，每年唐朝的新科进士还会集资筹办带有政治色彩的樱桃宴
宋佚名《樱桃黄鹂图》局部

无论寒冬炎夏，唐朝人都能发明出适口肴馔——大暑时节拿水晶饭、龙睛粉、龙脑末、牛酪浆调制出"清风饭"，经冰池冷透后送进大内，吃起来尤为清凉可口。唐朝宰相裴度则会于盛冬时节拿"鱼儿酒"待客，听闻是将凝结的龙脑刻成小鱼形状，然后每用沸酒一盏，投一鱼于其中，饮之极佳。而每逢春夏交替之际上市的樱桃会被盛在琉璃碗内，以酪和之，成为供皇帝享用的新鲜美味。代表时令的"樱笋厨"更是火爆全国……

　　听着这些新奇的美食，我好奇小姐姐是从哪里得来这么多秘辛的。她抿嘴一笑道："以前流行的裙幄（wò）宴和探春宴你知道吗？这些是专属女孩子的聚会，我们几个小姐妹最爱私下效仿，没事就小聚一下，踏青赏花，吟诗作画，兼品茗饮酒、闲话家常。"

唐朝贵族女子外出春游的场景
宋佚名《摹张萱虢国夫人游春图》局部

　　不知是逛了一天太累，还是由于听到的传闻太多，脑子有点疲惫，我竟然睡着了，迷迷糊糊间，耳畔传来阵阵此起彼伏的吆喝声，睁眼一看，竟到了宋朝的汴京。

餐饮业极度繁荣，皇帝都爱点外卖。

『一日三餐』和『炒菜』逐步普及，羊肉地位尊崇，素食渐成风尚。

第|五|章
宋朝

文人引领风雅饮食，『茶百戏』迎来巅峰。

腊八喝腊八粥、元宵节吃汤圆皆始于此时。

一、跳出温饱，民间美食璀璨耀眼

1. 打开"一日三餐"新格局

被热闹的叫卖声吵醒的我推开窗一看，原来是外面街巷卖"煎点汤茶药"的小贩们已经开始营业了。此时刚刚五更天，正好来一碗宋朝人每日必喝的茶汤，开胃醒神，若是前一天宿醉，还可选择浮铺（宋朝时售卖茶汤饮食的流动摊位）售卖的"二陈汤"。

宋朝售卖茶汤的小贩
宋佚名《斗浆图》局部

商贩老板热情推荐我去"史家瓠（hù）羹"吃早饭，那可是京城老字号了，有各样粥、饭、点心——冬天有五味肉粥、七宝素粥，夏天有豆子粥、义粥、馓子粥，另有蒸饼、糍糕、雪糕、糖糕、粟糕等，每份不过二十文。物价如此之低，怪不得"市井经纪之家，往往只于市店旋买饮食，不置家蔬"（宋孟元老《东京梦华录》）。

史家瓠羹店门前以枋木搭建了一座华丽的"山棚"，上面挂着剖成半扇的猪羊，大概是代表自家货真价实吧。猜测瓠羹店竞争应该很激烈，家家都是同样的装潢，门面、窗户也都有类似的红绿装饰，不仅开门早，门口还有一位专门招揽客人的小门童，俗称"饶骨头"，不断推荐"吃饭送骨头"之类的优惠活动来吸引顾客。我今天运气很好，店家不仅送骨头，还赠送"灌肺"和"炒肺"，馋嘴的我又另外点了一份羊血汤，煎白肠和粉羹这些就等下次吧。

菜单

就餐的食客

恭候服务的小二

宋张择端《清明上河图》局部

　　早上无须吃得太饱，因为到了中午便可喝到糖粥，还能搭配炊饼、辣菜饼、灸焦之类的小点心。宋朝的"市食点心"种类繁多，四时皆有——剪花馒头、细馅大包子、水晶包儿、米薄皮春茧、芙蓉饼、梅花饼、开炉饼、甘露饼、子母仙桃、圆欢喜、糖蜜果食、肉果食、肉丝糕、千层儿……咸甜荤素随便挑。

正店

　　到了晚上，丰富的夜生活里美食无数，一个肚皮可装不下。取消了宵禁的宋朝在此时才真正开启大宋风华的诱人魅力，告别过去的一天两顿饭，正式进入"一日三餐"制。

　　唐代诗人王建曾用"夜市千灯照碧云，高楼红袖客纷纷"（《夜看扬州市》）来描述唐朝开放夜市时的繁华盛景，而宋朝夜市则有超越了繁华的"疯魔"感。不论寒冬酷暑，还是风雪、阴雨天，都有人在夜市卖焦酸馅、煎肝脏、猪胰胡饼、泽州饧、团子、盐豉汤之类的吃食，甚至连发大水都不能阻止他们营业。苏轼在《牛口见月》中曾描述过这一"疯狂"时刻："忽忆丙申年，京邑大雨滂。蔡河中夜决，横浸国南方。车马无复见，纷纷操筏郎。新秋忽已晴，九陌尚汪洋。龙津观夜市，灯火亦煌煌。"

　　正当我纠结于"州桥夜市"和"马行街夜市"选哪个的时候，旁边独自饮酌的孟元老微笑着来了一段"贯口"："出朱雀门，直至龙津桥。自州桥南去，当街水饭、爊（āo）肉、干脯。王楼前獾儿、野狐、肉脯、鸡……曹家从食。至朱雀门，旋煎羊白肠、鲊脯、燠冻鱼头、姜豉、抹脏、红丝、批切羊头、辣脚子、姜辣萝卜。夏月麻腐鸡皮、麻饮细粉、素签、沙糖冰雪冷元子、水晶皂儿、生腌水木瓜、药木瓜、鸡头穰、沙糖绿豆甘草冰雪凉水、荔枝膏、广芥瓜儿、咸菜、杏片、梅子姜、莴苣笋、芥辣瓜儿、细料馉饳（gǔ duò）儿、香糖果子、间道糖荔枝、越梅、锯刀紫苏膏、金丝党梅、香枨（chéng）元，皆用梅红匣儿盛贮。冬月盘兔、旋炙猪皮肉、野鸭肉、滴酥、水晶鲙、煎夹子、猪脏之类，直至龙津桥须脑子肉止，谓之杂嚼，直至三更。"

　　光听到这些佳肴的名字，我已经迫不及待了。快步冲向州桥夜市时，身后远远飘来孟元老的声音"有朋自远方来，夜市何不兼收乎……"于是，逛完州桥的我又去了马行街，果然是京师夜市酒楼极繁盛处，比州桥又盛百倍，车马阗拥，不可驻足。摩肩接踵在意料之中，但神奇的是居然连一只蚊子都没有。原来灯火通明的夜市需要燃烧大量的灯油，这可是蚊子的"死穴"！

宋朝繁华热闹的街市
宋张择端（传）《清明易简图》（明摹本）局部

头顶托盘兜售食物的小贩，右手还拿着方便随时坐下来歇息的椅子
宋张择端《清明上河图》局部

也许是被数千年来的宵禁制度禁锢太久，宋朝的夜市车水马龙、人头攒动，处处弥漫着拥挤但自由的气息。除了人来人往的酒肆、瓦舍，街上还有许多顶盘挑架兜售各样市食的小贩，沿路叫卖着"羊脂韭饼、细料馉饳儿、宜利少、姜虾、清汁田螺羹"等，三更不绝。我一路边逛边吃，感觉着实累了，准备找间酒楼歇歇脚，顺便于高处好好俯瞰一下这千年前的繁华之夜。

2. "炒"菜趁势崛起，引领餐饮新风尚

"忆得少年多乐事，夜深灯火上樊楼"（宋刘子翚《汴京纪事二十首·其十七》）。"打卡"自然是选最有名的"樊楼"了。樊楼在以前又称"白矾楼"，后来更名为"丰乐楼"，是由五栋建筑组成的宋朝著名"商圈"。每栋建筑均三层，五楼相向，各有飞桥栏槛，明暗相通，在宋朝汴京的"七十二正店"中算是最气派的。门首同其他店铺一样搭有彩楼欢门，并设成排大红杈子，挂绯绿帘幕，装饰贴金红纱栀子灯，其"内西楼"因可视宫苑而禁人登眺。

元夏永《丰乐楼》局部

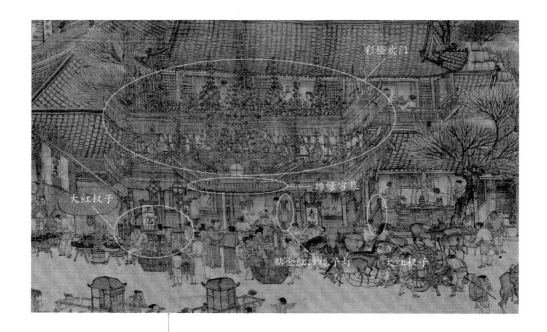

彩楼欢门

大红权子

正店

绯绿帘幕

贴金红纱栀子灯

大红权子

孙羊店为北宋"七十二正店"之一，门口设有彩楼欢门、成排大红权子，装饰绯绿帘幕、贴金红纱栀子灯
宋张择端《清明上河图》局部

京师酒楼果然奢侈，仅隔壁对饮的两位客人桌上就配备注碗一副、盘盏两副、果菜碟各五片、水菜碗三五只，价值近百两。我这桌虽只有一人，但用的也是银质餐具。

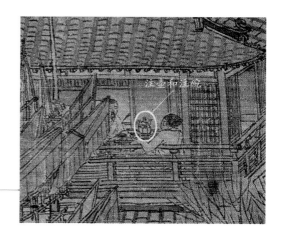

注壶和注碗

两位顾客正在孙羊正店吃饭，桌上摆着注壶和注碗以及盘盏等
宋张择端《清明上河图》局部

由于铁锅和植物油的普及，"炒"这一新型烹饪方式迅速在大宋成为风潮，仅丰乐楼"食牌"（宋朝菜单）上的炒菜种类就多到能让盛世大唐都服气——炒兔、炒鸡蕈、炒鹌子、新法川炒鸡、南炒鳝、炒蟹、炒白虾、炒蛤蜊、炒沙鱼衬肠、炒白腰子、生炒肺、肉咸豉……看得我眼花缭乱，最后还是在"茶饭量酒博士"（宋朝服务员）的推荐下才顺利点餐。

终于可以舒展地坐下来了，环视四周，一派热闹景象。此时"合餐制"已普遍流行，人们围桌而坐，在一盘盘色、香、味俱全的佳肴中推杯换盏，尽享快活。一旁有腰系青花布手巾、头绾危髻的妇人为客人换汤斟酒，俗称"焌（jùn）糟"；还有歌唱献果的"厮波"（宋朝时无正当职业，专在酒楼、妓院侍奉顾客的闲汉），也顺带帮忙换汤斟酒，从而获取小费；更有"撒暂"（宋代小贩在酒楼向顾客逐一分送货品，然后收钱的一种兜售方法），直接将香药、果子之类散与坐客，不问要与不要，客人看着给钱。诸如此类，处处有之，唯有州桥"炭张家"和"乳酪张家"不允许此类人入店。

画面中央是同桌共饮共食的宋朝人，旁边有正在服务的人，左边楼梯处有准备上菜的人，包厢入口处为疑似外来服务人员
宋张择端《清明上河图》局部

好在我来的这家店比较开放，不断有外来售卖食物的小贩在席间穿梭——有着白虔布衫、青花手巾，挟白瓷缸子只卖"辣菜"的；有专卖酒浸江瑶、酒蛤蜊、鲎（hòu）酱、脆螺、糟决明这类"醒酒口味"的；还有日常叫卖炙鸡、燎鸭、鹿脯、白炸春鹅、波丝姜豉、脆筋巴子、银鱼干、野味腊等菜品的。酒楼之所以允许这些小贩进入，大约是因为这些下酒小食不过是些烧烤、脯腊、腌菜、冷盘，而作为核心竞争力的"炒"才是人家酒楼大厨的看家本领。

大快朵颐之后，我第一次体验到什么叫"十一分饱"。严重怀疑在宋朝待久了，我会越来越圆，心心念念的"王楼山洞梅花包子"还是明天再去吃吧。

手端托盘准备进孙羊正店卖吃食的小贩
宋张择端《清明上河图》局部

3．带馅的不止包子和馒头

次日一觉醒来，我早饭都没吃就直奔王楼，把肚子全留给了大名鼎鼎的"山洞梅花包子"。待坐定，酒家就先上了"看菜"，肚子饿得咕咕叫的我面对眼前精致又美味的看盘，只能假装镇定，强忍着不动筷子，否则定会遭人偷偷哂笑——原来这人不知道"看菜"只能看不能吃啊！

图中宴会上即有看菜
宋赵佶（传）《十八学士图》局部

终于等到包子端上来，顾不得欣赏它优美的造型，我直接抓起一个就吃。旁边老哥看我吃得太投入，好心告诉我王楼的包子固然是一绝，但另外还有专门的"包子酒店"和馒头店，且馒头和包子一样都是带馅的，馅料包括但不限于羊、猪、鹅、鸭、鸡、兔、鱼、虾、蟹、内脏、果蔬、糖馅、辣馅、豆沙馅……古人在馅料上的创新力让我这个现代人都佩服得五体投地。

图中推测为宋朝专门售卖包子的酒店，因为每桌几乎都有一盘。还有一位服务员正在往外端包子，另一位则在门口摊位装盘
清杨大章《仿宋院本金陵图卷》局部

看我一脸震惊的表情，大哥继续得意地介绍道，除了常规的荤素馅，还有专供各种宴席的花式面点，比如喜筵上的"卧馒头"、寿筵上的"荷花馒头"；夏供"球漏馒头"，春前供"龟莲馒头"，春秋则供"捻尖馒头""柰花馒头""葵花馒头"，不一而足。而最有名的当数神宗皇帝当年视察太学饮馔时亲自赐名的"太学馒头"，认为"以此养士，可无愧矣！"此后参加科举考试的学子们在廷试之后都会被赏赐"太学馒头一枚、炕羊泡饭一盏"，太学馒头也因此成为京师名品。

听到这，我瞬间觉得手里的包子不香了，下午就奔向这位大哥强烈推荐的"万家馒头"。先来一份进店必点的"灌浆馒头"，这种馒头需要自己往蒸好的馒头里灌浆再吃，浆一般用奶酪和淡醋调成，风味独特。再上一份跟现代的水煎包有异曲同工之妙的"骆驼蹄"，还意外发现店里卖的另一种包馅美食"兜子"，需要用浓麻汁和酪浇食，口感特别。可惜的是，羊肉做的"荷莲兜子"和"杂馅兜子"一早就卖完了，"蟹黄兜子"跟"鲤鱼兜子"也只剩下为数不多的几个。话不多说，赶紧全部买下。

街边的屉笼为蒸制包子、馒头的器具，旁边还有一位路人正在向店家购买
宋张择端《清明上河图》局部

北宋街边售卖包子的食店
宋张择端《清明上河图》局部

接下来的几周，我又连续光顾了"鹿家包子"和"孙好手馒头"。早起去六部前的"丁香馄饨"排队，晚间去夜市品尝知名小吃"鹌鹑馉饳儿"，街边常见的"烙面角儿"和"油夹儿"吃过好几次还是想念。在美食之旅中，我一不小心还解锁了一项新的吃货技能——撸面嗦粉。

4. "撸"不完的面，"嗦"不完的粉

包子店的老板见我这么喜欢吃面食，就热心推荐了他们这里的面食名品：冷淘类（即凉面）的丝鸡淘、乳齑淘、笋燥齑淘、抹肉银丝冷淘；棋子面里的虾鱼棋子、米心棋子、七宝棋子、百花棋子；素面以笋辣面、酱汁素面、素骨头面、罨（yǎn）生面、三鲜面为佳，皆精细乳麸，笋粉素食；若是想体验特殊的刀工手艺，则一定要尝尝姜泼刀和家常三刀面；另外，鱼桐皮面、盐煎面、子料浇虾面、耍鱼面、托掌面、索面、水滑面这些亦风味各异，都值得一试。

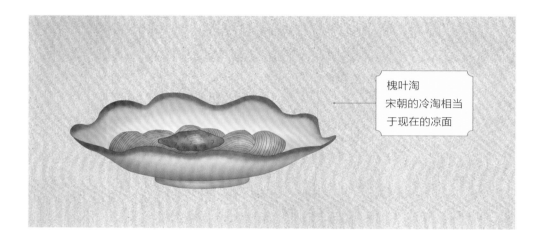

槐叶淘
宋朝的冷淘相当
于现在的凉面

老板告诉我，像冷淘、拨刀、素棋子这类食物在专门卖菜面的店里就能吃到，不过只能自己去吃，千万不可请客，因为他们认为在这些地方请人吃饭有失尊重，非君子待客之道。若是想去夜市吃，就推荐市西坊的"西食面店"，那里通宵买卖，交晓不绝，无论公私营干，皆夜食于此。并友情提醒我可以和"粉"换着吃，不然天天光吃面容易吃腻，很多馒头店也会兼卖"杂合细粉、七宝科头粉"一类的粉类。

就餐的食客

街边小饭馆有大口吃面的食客，这种食店装修简单，为市井百姓饱腹之处宋张择端《清明上河图》局部

我立马将老板提到的必吃面条提上日程，还顺道尝到了改汁羊撺粉、麻饮鸡虾粉、肫掌粉、铺姜粉、辣菜粉、二色水龙粉、三色团圆粉、大官粉、转官粉、珍珠粉……历时一个多月的时间，才算勉强尝完了这些特色粉面，其他种类真是"撸"不动也"嗦"不完了。而且，感觉最近碳水摄入实在过多，需要控制一下，琢磨着不如将主食换成肉类，顺便还可以见识下宋朝人是如何"独宠"羊的。

疑似端粉、面的服务员

服务员从身后厨房端出两碗吃食，很有可能是宋朝人爱吃的面条或粉一类
宋张择端《清明上河图》局部

5．羊肉自己也没想到，在宋代竟然有这么高的地位

"薛家羊饭"最近不知何故暂时关门了，那就找间"肥羊酒店"吧。听说"丰豫门归家""省马院前莫家""后市街口施家"这些都不错，不仅能堂食，还零卖软羊、烂蒸大片、羊杂焐（wǔ）四软、羊撺四件等，品质保证没问题，于是我就近选了其中一家。

店家推荐先来一份"批切羊头"或"细点羊头"作下酒菜；这几天鲜笋上市，"羊蹄笋"比"糟羊蹄"更受欢迎；今日新做的"入炉羊"和"乳炊羊"也非常不错；若是喜欢烧烤，可选用带皮的肥嫩羊肋做的"骨炙"；若是想吃个鲜，"细抹羊生脍"配五辣醋刚好合适；这个月"羊羔酒"有优惠活动，比"遇仙正店"的八十一文一角划算多了。

羊肉居然还能用来酿酒？那我必须得点一壶尝尝。等菜间隙，我顺便问了一句："这羊肉在宋朝的地位怎么这么高啊？"店家的话匣子立马打开，说羊肉可是宫廷的御用肉类，并且"御厨止用羊肉"乃是宋朝皇室立下的"祖宗家法"，因此无论国宴还是宫廷御膳，羊肉永远是"主角"。

羊肉是宋朝人最喜欢的肉类
宋陈居中《四羊图》局部

孝宗皇帝曾于后殿内阁请经筵官胡铨吃了顿"家常便饭"，所上餐食为八宝羹、鼎煮羊羔、胡椒醋子鱼、明州虾鲻、胡椒醋羊头、珍珠粉、炕羊炮饭、龙涎香盏，其中有三道都是用羊做的。宋仁宗曾有一次半夜肚子饿了睡不着觉，这个时候超级想吃的就是"烧羊"，但他硬是忍饥挨饿了一宿都没让人做，怕此种风气一旦养成，为了一己口腹之欲，以后会宰杀更多的羊，从而造成浪费，真是担得起这个"仁"字啊。

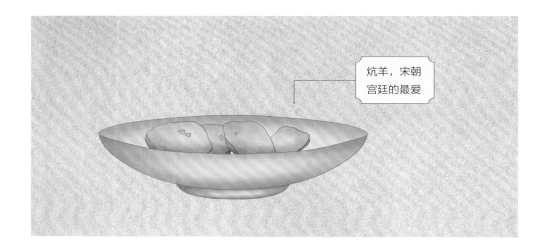

炕羊，宋朝宫廷的最爱

连皇帝都这么爱吃羊，下面的官员和百姓能不爱吗？在某种程度上，吃羊成了一种身份的象征，而且羊肉确实滋补又美味，大家是有条件的争取经常吃，没条件的如东坡先生，创造条件也要吃。东坡先生不仅是著名的文学家，还是一位大名鼎鼎的吃货，曾多次在文章中盛赞"杏酪蒸羊"这道菜。

先生才华横溢，却仕途多舛，当年被朝廷以"讥斥先朝"罪名贬谪惠州。那里市井寥落，所售羊肉有限。他作为一个被贬的官员，既不敢和别人争买，又困于羊肉价贵、囊中羞涩，于是就私底下偷偷嘱咐卖羊的人给他留着别人不要的羊脊骨，回家后将其洗净煮熟，趁热沥干后浸入酒中，过一会儿再捞起，撒少许盐，于火上烤至微焦食用。虽然脊骨上肉不多，但细细剔着吃却滋味满满，让人不亦乐乎。至于民间百姓，既然炕羊、蒸羊吃不起，那从街边买份新鲜的旋煎羊白肠，再喝碗热乎的羊血粉羹总是可以的。

聊起天来时间过得真快，"行菜者"（宋朝上菜的服务员）很快端上了我点的菜。在宋朝，"传菜员"这碗饭可不是谁都能吃的，只见这位伙计左手端三碗，右手至右肩叠放约二十碗，分别给每桌客人上菜，且不会有差错，实在是厉害。忽然，眼尖的我在他端的菜里发现了一盘略显奇怪的甲鱼，这莫非就是传说中的"假菜"？

服务人员

饭馆服务人员打扮的宋朝人，头顶大小双层托盘，内盛多只装有吃食的碗
清杨大章《仿宋院本金陵图卷》局部

6．宋朝新生"网红"——"假菜"与"签菜"

见我伸长脖子往那边看，这桌客人热情招呼我过去同饮，顺便品尝下店里新出的这道用肥嫩黄雌鸡腿和黑羊头肉做的"假鼋鱼"。宋朝"假菜"的手艺果然高明，从造型到味道几乎都可以做到以假乱真。

看我对"假菜"这么好奇，热情的宋朝人又向我介绍了其他比较出名的菜式，比如用鲚（jì）鱼和虾汁做的"假蛤蜊"、用白鱼和羊汁做的"假白腰子"、用羊脊骨肉做的"假炒鳝"、用猪肉和羊肉做的"假熊掌"、用猪肚做的"假江珧"、用腰子做的"假炒肺"、用小鸡做的"假炙鸭"、用羊白肠和螺肉做的"假羊眼羹"等。

鸡是宋朝人最常食用的禽类之一，食材的易得性也是制作"假菜"需要考虑的一个重要因素
宋佚名《子母鸡图》局部

"我还以为假菜是用素菜做成的假肉菜呢，没想到是用一种或者几种荤菜做成另外一种荤菜呀！"

"素菜做的假肉菜也有，只不过原材料相对没那么丰富，一般都是用麸、乳团（乳制的固体食物）、绿豆粉等为主要食材做成类似的样子，然后或蒸或煮或油炸制成。比较流行的有'假灌肺、炸骨头、假鱼脍、假水母线'；专卖素食的店还有'两熟鱼、元羊蹄、油炸假河豚、大片腰子'；另有专门给斋戒的人准备的'假羊事件（即什件，指内脏）、假驴事件、假煎白肠、假煎乌鱼'等；还有用假菜做的素面，如炒鳝面、卷鱼面、大片铺羊面等。"

果然不懂就要问，听本地人介绍完，真是眼界大开，除了上面所讲，"假野狐、假炙獐、假沙鱼、假清羹"这些也都是酒店常见肴馔，更有用楮树果实与梅汁做的"假杨梅"、藕与梅水做的"石榴粉"、没有荔枝的"荔枝膏"……的确是花样百出，风头丝毫不输桌上这盘"签菜"。

石榴粉
宋朝人制作"假菜"的原因大致有三：一、交通运输不便造成的食材稀缺或昂贵；二、展示厨师高超的烹饪技艺；三、茹素或可彰显别样的生活情趣

荔枝是宋朝人最喜爱的水果之一，但新鲜荔枝存在运输与价格的问题，无法走向寻常人家的餐桌，因此宋朝人常以乌梅为主要原料来制作荔枝膏、荔枝汤、荔枝浆等
宋赵佶《荔枝山雀图》

我刚开始还感叹这"羊头签"虽然吃着美味，但价格委实昂贵，结果被告知这个价位算是合理的了。曾有太守聘请了一位京师厨娘去府上操办饮馔，第一次宴客厨娘就安排了这道"羊头签"，但需羊头十个，且每个只剔留脸肉，其他部位全部丢弃，并言："此非贵人所食矣。"成品味道确实极美，但是花费不菲，以至于两个月后，太守就找了个借口将厨娘辞退了，并私下对朋友说："吾辈力薄，此等厨娘不宜常用！"

羊头签
宋朝最为流行的"签菜"之一

厨娘在宋朝虽然地位不高，但收入不菲，非极富之家请不起
河南偃师宋墓雕砖画《妇女斫鲙》

　　摸摸自己的荷包，还好宋朝其他种类的"签菜"也不少：锦鸡签、鹅鸭签、肫掌签、蟹签、肚丝签、抹肉笋签、素签、到底签，无论在酒肆食店，还是普通摊贩处，都能吃上一口，偶尔嘴馋了，再去高档酒楼点个羊舌签之类的打打牙祭也是可以的。
　　同桌的客人兴致高昂，紧接着为我介绍起"鲊"来。如果说"假菜"与"签菜"是宋朝"新晋网红"，那么"鲊"就是当之无愧的"初代网红"了！

7. 万物皆可"鲊"

"鲊"在最开始特指鱼类腌制品，后来才逐渐拓展到其他食材，虽然早在汉朝时期就已出现，但宋朝人民对它的热爱和研发才叫空前绝后。仅鱼鲊就包括但不限于鲟鱼鲊、鲜鳇鲊、鲤鱼鲊、银鱼鲊、青鱼鲊、嘉鱼鲊，另外还有做法和鱼鲊类似的蛏、虾鲊、蟹鲊、海蜇鲊等，因食材不同而口感各异。最包容的当属"逡巡鲊"，可以用任何肉类来制作，食用时先蒸再炒，简直是"下饭神器"。最令人咋舌的是"天虾鲊"，这款来自岭南的重口美味与普通野味"黄雀鲊、蛇鲊"不同，是以白蚁为主要材料并掺和猪肉块做成的，在当地十分流行。

素菜此时也当仁不让，不再默默隐身于肉食之后，笋鲊、茄鲊、麸鲊、藕鲊、茭白鲊、胡萝卜鲊、奇绝鲊菜等一众"鲊菜"大量涌现，甚至因为食材本身的特点，有的只需腌一小会儿就可以食用，无须像肉类那般遵守严格的天数限制，这一点上唯有从宫廷流传出去的"羊肉旋鲊"可相媲美。

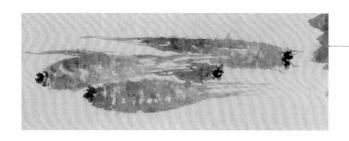

胡萝卜
宋法常《写生图》局部

如果不想自己做，或者厨艺平平，则完全可以购买现成的。赫赫有名的"倪家犯（bā）鲊铺"每天都生意火爆，而汴京城内的百余家鲞（xiǎng，本义为剖开晾干的鱼，后泛指成片的腌腊食品）铺除了出售郎君鲞、鲗鲞、鲠鱼鲞这类鱼鲞名件，也会售卖各种鱼鲊及蟹鲊、饭鲊等。还有沿街叫卖的小贩，每日都会带着托盘檐架出入大大小小的酒肆或走街串巷售卖"鲜鹅鲊、筋子鲊、玉板鲊、三和鲊、骨鲊"，真是万物皆可"鲊"啊。

不过相比"鲊"的咸，我个人更喜欢"香糖果子"的甜。同桌的吴姐姐听闻我对大宋流行的甜品异常感兴趣，当即表示要当向导，带我去夜市好好品尝一番，刚好她也想吃点饭后甜点。

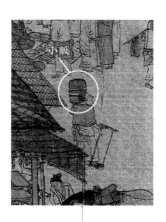

小贩

手托食盒沿街叫卖的小贩
宋张择端《清明上河图》
局部

8．糖的普及激发了宋朝人对甜食全部的想象力

吴姐姐首先带我直奔市西坊吃"鲍螺滴酥"，说这是她最喜欢的甜品之一。路上遇到小贩推着瑜石车子在卖"糖糜乳糕浇"，她当即停住脚步，买了两份，告诉我这曾经是皇宫内苑的"宠儿"，一度非常火爆，她碰到必吃。在市西坊吃完滴酥，又去寿安坊吃了"十色沙团"，再转到孝仁坊红权子的时候，眼见小贩在那里卖皂儿膏、澄沙团子、乳糖浇，可我们已经吃不下了。吴姐姐建议溜达着去买些老字号糖果，可以留着明天吃，也顺便走走路、消消食。于是我们兴冲冲地去众安桥买了"十色花花糖"，去观桥大街买了"轻饧"，到太平坊买了"麝香糖"，去庙巷口买了"杨梅糖"和"十般膏子糖"，还顺道在内前权子里买了五色纸袋装的"五色法豆"，并相约明天早市后一起去买号称"天下无比，入口便化"的"酥蜜裹食"。

宋朝街市售卖点心甜食的铺子
宋张择端（传）《清明易简图》
（明摹本）局部

—店铺招牌

食牌

各种点心甜食

果然糖在宋朝已经不是什么稀罕物了，豆儿黄糖、五色糖、缩砂糖、小麻糖、荆芥糖、乌梅糖、玉柱糖，这些不过是宋朝小孩眼里的普通零食，用乳糖做的带造型的"乳糖狮儿"和"乳糖鱼儿"才更讨他们欢心。当然，这些都比不上"戏剧糖果"的至尊地位，单看名字就极富趣味——行娇惜、宜娘子、秋千稠糖葫芦、吹糖麻婆子孩儿……

兜售孩童物件的小贩

戏剧糖果类似于现在的糖人，图中商贩就专门售卖此类糖果和儿童玩具
清杨大章《仿宋院本金陵图卷》局部

而街边专门售卖山药元子、金橘水团、拍花糕、糖蜜韵果、豆团、糍团、生糖糕这类四时糖食点心的粉食店则是甜食爱好者的"洞天福地"，手巧的吴姐姐还经常在家自己动手制作糖榧（fěi）、雪花酥、五香糕、糖薄脆、糖霜饼、风糖饼等，怪不得小朋友们都喜欢去她家里做客。

往回走的路上，还碰到不少卖干果的小贩，此时旋炒银杏、栗子已经过季多时，托盘上大多是榛子、榧子一类的干果。为了吸引客户，梨条、枣圈、枝头干、糖霜玉蜂儿这些果脯蜜饯也被放在一起卖。见我眼睛不住地往那些品上瞟，善解人意的吴姐姐说不如把明天行程改一改，先去五间楼前的"周五郎蜜煎铺"，带我好好体验下这老字号蜜饯铺的实力，并放言，比起宫中专门设置的"蜜煎局"，也就"雕花蜜饯"落了下风，其余的未必逊色。

第二天，我们如约早早赶到那里，本想趁人少细细挑选一番，奈何种类实在太多，看得我眼花缭乱。仅梅子一类就有糖脆梅、糖椒梅、糖松梅、糖丝梅、蜜渍昌元梅、金丝党梅、香药脆梅、紫苏梅、十香梅、对金梅、造化梅、梅子姜等几十种，其他还有桃煎、杏煎、蜜枣儿、蜜橄榄、鸡头穰、香药葡萄、间道糖荔枝，等等，并且最近还推出了新品烧梨子和烧木瓜。

宋朝街头挑担售卖的小贩
宋张择端《清明上河图》局部

未成熟的青梅和成熟的黄梅是常常拿来做蜜饯的原材料，在宋朝备受欢迎。由于古代保鲜技术有限，将各类新鲜水果制成果脯、蜜饯不仅大大延长了食用期限，且别有风味
明项圣谟《青梅初熟卷》局部

除了常见的各类水果，甚至山药、藕、笋、桔梗、地黄等蔬菜、药材也被做成蜜饯或者糖饯，销量还十分不错。我的眼都挑花了才选好最想吃的，剩下的品类只能等过几天再来买了。出店门后，发现外面日头正盛，兴许是蜜饯试吃多了的缘故，我感觉特别口渴，还好宋朝街边随处都有饮子摊（"饮子"是宋朝人对饮料的称呼，饮子摊在宋朝街市非常常见，极受当时人的喜爱）我和吴姐姐赶紧就近找了家"香饮子"解解渴。

9. "饮子+冰品"才是夏天正确的打开方式

此时正值初夏，饮子摊流行用半开的有香无毒之花做"香花熟水"，而当年仁宗时期翰林院评定的三甲——紫苏熟水、沉香熟水、麦门冬熟水的累计销量仍稳居饮子摊前三。自从排名第一的紫苏熟水"火"了之后，人们将选择范围从紫苏叶扩大到稻叶、谷叶、楮叶、橘叶、樟叶等其他植物的叶子上，同样采用火炙的方式逼出叶子的香气制成各类"熟水"，喝起来自带植物的清香，一时风靡民间。

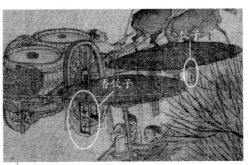

宋朝售卖饮子的摊位
宋张择端《清明上河图》局部

宋朝街边夏日售卖各种饮品的摊位
清杨大章《仿宋院本金陵图卷》局部

再过些时候，天气渐热，"渴水"就会逐渐霸榜。最宜在夏日冷饮的是"香糖渴水"和"杨梅渴水"，冰镇之后极香美，热饮反而有些许涩味。"五味渴水"就比较随意，冷热均宜，看个人喜好，而凉水荔枝膏和砂糖绿豆甘草冰雪凉水在夜市上更受欢迎。若是都不中意，还有鹿梨浆、木瓜汁、金橘团、卤梅水、椰子酒等可供选择。

吴姐姐很注重养生，要了一碗"豆蔻熟水"，并温言告诫我夏日切勿过度贪凉，容易伤脾胃，孝宗皇帝就曾因喝了太多冷饮而拉了好几天肚子，还是要适当饮些香薷（rú）饮、五苓散、大顺散一类的温补饮品。她今天选的这款豆蔻熟水是才女李清照的最爱，大病渐愈时，她在《摊破浣溪沙·病起萧萧两鬓华》中写下自己的调养之法，"豆蔻连梢煎熟水，莫分茶"。

　　从饮子摊离开，吴姐姐表示这家的做法不够讲究，豆蔻熟水里的白豆蔻壳过多，香气略浊，应以七枚为佳，并提议去喝中瓦前的"皂儿水"，这个时间应该不需要排队。她自己家很少做这个，一般只制作荔枝汤、妙香汤、对金汤这类方便冲泡点服的饮品，以备待客之用。

　　虽然还未到六月炎暑之时，但街边已陆陆续续开卖沙糖绿豆、水晶皂儿这些解暑的甜品小食了，通江桥的"雪泡豆儿水"更是一到中午就售罄。冰在此时早已不像唐朝时"夏日价等金璧"那般稀有，逐渐实现了平民化，成为人们夏日消暑的佳物，"卖冰一声隔水来，行人未吃心眼开"（宋杨万里《荔枝歌》）成了宋朝人在夏天的日常模式。

　　若是到了六月，巷陌路口、桥门市井皆当街摆放床凳，用青布伞遮阳，专卖大小米水饭、芥辣瓜儿、椒醋扢子、黄冷团子、义塘甜瓜、卫州白桃、药木瓜之类的清凉饮食，富家还会免费发放解暑药和冰水。其中"冰雪"类凉食尤以宋门外两家最盛，盛放的器具均为银器，主打产品"乳糖真雪"和"冰酪"常年包揽"当季之星"，另外还有"砂糖冰雪冷元子"稳坐夜市"网红小吃"的榜首地位，兼顾解暑与养生的"雪泡缩脾饮"则斩获了饮子界的"最佳人气奖"……

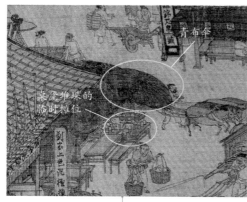

街边用桌凳堆垛的临时摊位用青布伞遮阳
宋张择端《清明上河图》局部

宋朝夏日售卖各种水果的摊位
清杨大章《仿宋院本金陵图卷》局部

时光在每天的美食探索之旅中飞速流逝，很快就到了盛夏，诗人杨万里描绘的"帝城六月日卓午，市人如炊汗如雨"（《荔枝歌》）真的一点也不夸张。听闻汴京百姓在夏天多乘凉于"清风楼酒店"，评价此处最宜夏饮，我也赶紧趁此机会去打个卡，顺便避下暑。临窗而坐，随意点了麻腐鸡皮、甜瀣海蜇、菎花茄儿几样夏日冷食，餐具仍是一等琉璃浅棱碗，菜蔬精细，搭配冰镇过的店招好酒"玉髓"甚妙。在宋朝待了这么久，不得不夸一句，宋朝人真的太会给酒起名了！

10. 酒名彰显"无声的炫耀"

在自酿酒这方面，高门显贵身先士卒，不仅要酿出佳品，名字还必须优雅贵气，比如向太后家的"天醇"、张温成皇后家的"醽醁（líng lù）"、朱太妃家的"琼酥"、刘明达皇后家的"瑶池"、郑皇后家的"清醑（xǔ）"、肃王家的"兰芷"、建安郡王家的"玉沥"、王晋卿家的"碧香"、杨府的"清白堂"、吴府的"蓝桥风月"等。

当然，站在金字塔顶端的必须是御库的"蔷薇露"和"流香"，陆游在《乍晴出游》中还小炫了一把"归来幸有流香在，剩伴儿童一笑嬉"。除了名字好听，宋朝高级饮宴时使用的酒具也很讲究，温碗、执壶、酒台、酒盏是标配。温碗和执壶通常配套使用，主要用来温酒，酒盏与酒台则是固定组合。

温碗和执壶

酒台和酒盏

宋赵佶（传）《十八学士图》局部

地方名酒也让人应接不暇：西京的"酴醿（tú mí）香"、真定府的"银光"、河间府的"玉酝"、成都府的"浣花堂"、杭州的"雪醅（pēi）"、苏州的"齐云清露"、湖州的"碧澜堂"、秀州的"清若空"、婺州的"错认水"、扬州的"琼花露"、邢州的"沙醅金波"、梓州的"竹叶清"、镇江的"浮玉春"……优美程度让人一度怀疑这是在起名还是在作诗。

京都酒肆亦各有拿手招牌酒：丰乐楼的"眉寿"、和乐楼的"琼浆"、遇仙楼的"玉液"、任店的"仙醪（láo）"、铁屑楼的"瑶醹（rú）"、高阳店的"流霞"、时楼的"碧光"、会仙楼的"玉醑"、班楼的"琼波"、梁宅园子正店的"美禄"、邵宅园子正店的"法清"……若是嫌用梨酿的酒叫"梨酒"太平凡，用橙子酿的酒可以改名为"洞庭春色"，而用好沙蜜酿的就可以叫"百花春色"。

一家脚店打出"新酒"的招牌，门头还写有"稚酒"，写有"天之""美禄"的灯箱应该也是为酒打的广告
宋张择端《清明上河图》局部

当然也有起名相对务实的，譬如用荔枝酿的就叫"荔枝绿"，用桑葚酿的直接叫"桑葚酒"，取麻姑泉水造的叫"麻姑酒"，新丰产的叫"新丰酒"，加了苏合香丸的叫"苏合香酒"。广南富庶之家还流行一种"女酒"，生了女儿之后便蓄酒藏于田中，直到女儿出嫁方才取出饮用。最被宋代士人看重的则是"老酒"，虽以普通麦曲酿制，但需密封储藏数年，一般用来款待贵客或作为婚娶时的厚礼。

虽然在宋朝只有官库和被授权的正店可以酿酒、卖酒，但前去正店打酒然后零售的"脚店"不计其数。正店对这些脚店也相当大方，只来过三两次便敢借给他们价值高达千两的银器，甚至贫穷人家点"外卖"，店家也会用银器装酒送去。遇到通宵饮酒的顾客，店家会在第二天取回酒器而不当日催讨。街巷亦有零沽散卖的"散酒店"，门首不设油漆杈子，多是竹栅布幕，只点一杯也可以，贴心满足各个阶层的饮酒需求。

"小酒"在宋朝属于低档酒，售卖"小酒"的店铺明显装潢简单，仅用幕布、竹栅之类搭建
宋张择端《清明上河图》局部

孙羊正店侧面疑似出售用的桶装酒，后院则堆满了酿酒的木桶
宋张择端《清明上河图》局部

若是担心喝醉，有极能醒酒的"解酒楚梅"和"陈橘皮汤"；若是担心饮酒过度对身体不好，也可以选择令人好颜色的"山芋酒"、延年补益的"黄精酒"、轻身疗病的"松花酒"、温中祛寒的"干姜酒"等各样药酒。似乎在宋朝这个美食发达的时代，没有什么是不能"食疗"的。

宋朝酒业发达，且宋朝人嗜酒程度不输魏晋隋唐
宋佚名《柳荫醉归图》局部

11. 养生药膳为"舌尖蹦迪"撑起一片天

　　"消化不良"可能是一个身处宋朝的吃货最容易遇到的健康问题，仅看这些街边巷陌盘卖的点心就能大约明白为什么：糖蜜酥皮烧饼、常熟糍糕、芥饼、春饼、汤团、栗粽、裹蒸、米食，还有各种油炸从食、蒸作从食……谁能忍住口水啊！好在虽然没有健胃消食片，但有王道人开出的食治膳方"诃黎勒粥"，既可消去宿食，又可兼治脾胃气不和。制作与食用方法为："诃黎勒（二枚，煨，用皮，捣罗为末）粟米（二合），上以水二大盏。煎取一大盏。下米煮粥。入少盐，空心食之。"（宋王怀隐《太平圣惠方》）

　　身为蜜饯店的老板，王道人不仅善于制作各色蜜饯、糖饯，在食疗养生方面也颇有研究，除了饱读医书，还亲身实践，邻里街坊对他很是信服，经常前来求取食疗的方子。这天我特意前去拜访，想多了解一些王道人口中"病时治病，平时养生"的神奇药膳，刚进门就被一个高大壮硕的小伙子给"现身说法"了。

北宋街边售卖吃食的小摊，圈内疑为芝麻烧饼
宋张择端《清明上河图》局部

古时医疗不发达，普通百姓看病主要依靠走街串巷的郎中，这些乡医行医时会手持铃铛招徕病家，又称"铃医"
宋张择端《清明上河图》局部

　　原来小伙子一年前曾因暴饮暴食而大病一场，病愈后脾胃虚弱，不嗜食，不消化，严重时甚至见食呕逆，身体日渐羸瘦。于是，王道人给了他一个比较长的药膳单来调养治疗，每种均附有具体的制作方法与饮食宜忌，包括羊肉索饼、鸡子索饼、姜汁索饼、糯米饭、豆蔻拨刀、山芋拨刀、酿羊肚、酿猪肚、高良姜粥、生姜煎等。

我国最早的中医药典籍《神农本草经》中就记载了姜的药用属性
清顾洛《蔬果图》局部

　　小伙子严格按照王道人的嘱咐坚持食用，效果奇佳。他想着夏天天气热，于是过来送些妈妈做的"脂麻团子"表示感谢，还说妈妈喝了王道人熬的"参苓粥"食欲好多了，不过仍有些许咳嗽，今天出门刚好买些杏仁、生姜，以便按照道人之前给的方子再给妈妈做些"杏仁粥"食疗一下。

　　话音未落，从门外冲进来一位面色憔悴的大哥，说昨天跟他老婆在夜市胡吃海喝，现在一个呕吐、一个腹泻，天不怕地不怕就怕吃苦药的他不去医馆而是来找王道人。道人憋住笑让他回去先空腹吃三份"炙羊肝"试试，而针对他老婆腹泻的症状，道人给出的建议是如果不太厉害可食用"阿胶棋子"，少放调料，如果比较严重就食用"干姜饼"或"附子粥"，说着便写下具体食单，并叮嘱均须空腹食用。

从门口的宣传招牌可以看出"肠胃疾病"和"醉酒损伤"是汴京宋朝人的常见病症
宋张择端《清明上河图》局部

汴京城内的医馆药铺较多，人们看病较为方便。图中"杨家应症"的招牌表明这是杨姓医生开的店，门口似乎是一名女子正带着两个小孩往里走
宋张择端《清明上河图》局部

送走他们，道人这才坐下来和我细致分享他的食疗经验。同写出"我得宛丘平易法，只将食粥致神仙"（《食粥》）的陆游一样，粥在道人眼中是养生的首选佳品。"鸡头实粥"和"莲实粥"可作为日常饮食，聪利耳目、益精气；定期进食"地黄粥"能调气血，尤其益于女性；而黄芪和党参做的"补虚正气粥"则是温补佳品，多食亦可。

最早的食疗著作《食疗本草》记载了莲子的食疗功效
清顾洛《蔬果图》局部

听闻我爱吃各种点心，他推荐我常吃生藕、生百合、生薯药、生天门冬、白茯苓以及枣做的"灌藕"，益心润肺；或采仲春时节黄精的根，九蒸九曝之后做成"果食"吃，也大有补益；若想驻颜有方，则可常服"枸杞煎"，饮"生枸杞子酒、葡萄酒"等。

话还没说完，随着一阵急匆匆的脚步声，隔壁的赵大娘进了店，说之前闺女怀孕的时候反胃吃不下东西，王道人给的那个"麦门冬粥"方相当管用。现在闺女生完孩子一直没奶，"猪蹄羹"也吃了，就是不见效，特来请王道人想想办法。道人沉思片刻说道："可将猪蹄羹换成猪蹄粥，再搭配鲫鱼羹，记住一定要用母猪蹄。另外，产后宜食粟米粥和黄雌鸡饭，我一并将制法写在方子里给你。"赵大娘千恩万谢地赶紧回去了，王道人这才继续他的话题。

跟吴姐姐一样，他也不提倡在夏天食过多生冷之物，建议尽量选择保健性的汤饮。"未妨无暑药，熟水紫苏香"（元方回《次韵志归·其一》），说"紫苏饮"能力压众多饮子排名第一，自有其道理。另外，杂卖场前的"甘豆汤"、止渴除湿的"干木汤"、快气进食的"缩砂汤"也都是不错的选择。

道人介绍说自己平日的饮食以葛根粉、栝楼根粉、百合根粉等制成的饭食为主，粥、饭、面、饼换着花样吃，并坚持饮用牛乳，定期服食九仙薯蓣煎、天门冬煎、髓煎等膏煎。尽管很喜欢饮茶，但每晚以"柏汤"代替，因为经常睡前喝茶易伤人气。当然，药茶除外，比如可以缓解头疼的"葱豉茶"、能治肠风的"槐芽茶"、对伤寒导致的鼻塞有奇效的"薄荷茶"等。

说到茶，我忽然想起到宋朝这么久了，还没正儿八经去过茶肆，"茶百戏"更是无缘得见。得知此种情况的王道人露出震惊但不失礼貌的表情，说这京城里随处可见茶坊，至夜尤盛，难道一家都没去过吗？我有点不好意思地告诉他，这段时间光忙着品尝美食了，注意力没在茶上面。道人听完哈哈一笑，说正好今天铺子补货足够，明日闲来无事带我好好逛逛大宋的茶肆。

汴河边的小茶坊
宋张择端《清明上河图》局部

12．茶百戏：炫技的不止我一个

第二天，在去茶坊的路上，王道人给我介绍起了当时人们对于茶的情怀。他说"茶"于宋朝人而言，犹如米、盐一般不可或缺。百姓的待客礼仪也是"客至则设茶，欲去则设汤"（宋佚名《南窗纪谈》），邻里之间也常提茶瓶沿门点茶，往来传语，增进感情。夜市的大街上经常可见设有浮铺的车担，点茶汤以便卖给游客，还有手提茶瓶卖茶的小贩，一般在三更后出来，服务深夜加班归家的人。

宋元时期街上卖茶汤的情景
清姚文瀚《卖浆图》

大凡茶楼都设有专供富家子弟、大小官员的聚会之所，方便他们在此习学乐器、上教曲赚，茶坊也以此多收茶金，增加营收。另有茶肆专是"五奴打聚处"，还有比较吵闹、非君子驻足的"花茶坊"，旧曹门街的"北山子茶坊"则接待夜游吃茶的仕女较多。而"黄尖嘴蹴球茶坊""大街车儿茶肆""蒋检阅茶肆"等茶店则是士大夫期朋约友会聚之处，今天我们要去的"一窟鬼茶坊"就属于这类。

从宫廷到民间，饮茶、斗茶之风在宋朝各阶层都极为盛行
宋刘松年《茗园赌市图》局部

京都的此类茶肆均会在店内张挂名人书画，列花架，在架上放置奇松异桧等物。茶肆常年售卖奇茶异汤，在炎热的暑季，店内会重点推"雪泡梅花酒"，还模仿酒肆用银盂杓盏子这类酒器，并鼓乐吹奏《梅花引》吸引顾客。如果是冬天，店内还会售卖"七宝擂茶"或"盐豉汤"。王道人强烈推荐我有机会一定要尝尝擂茶，里面加了擂细的炒熟芝麻、川椒末、盐、酥糖饼、生栗子片、松子仁、胡桃等，风味独特，亦可饱腹。

来得早不如来得巧，刚进茶坊便见一小群人围站在一起，中间坐着一位着青衫的士人，那人面前的桌子上摆着各样茶器，王道人示意我一同上前观摩。只见青衫士人先取出一块茶饼，用干净的纸密裹后捶碎，再用银茶碾快速而有力地将茶碾细，然后用"茶箩"细细罗筛茶粉数次。王道人小声对我说："这应是今年的新茶，因为若是陈年茶，则需先于微火上炙烤，且这茶是精品，色莹彻而不驳，碾之铿然有声。"

图中一人正在用茶碾碾茶，另一人在用汤瓶煮水。辽朝不产茶，茶叶及饮茶文化皆由中原传入
河北宣化辽墓壁画《备茶图》

"就不能提前碾好直接用吗？现场做多麻烦？"面对我的疑问，王道人耐心解释道："旋碾则色白，经宿则色已昏，而茶色贵白，所以这基本的步骤绝不能少。"

　　接下来进入"候汤"阶段，其实就是拿"汤瓶"煮水。王道人说这"候汤"是最难的，因为"水在瓶中煮之不可辨，未熟则沫浮，过熟则茶沉"，均不利于之后的点茶，只有恰到好处才行。瓶里的水也一定要清、轻、甘、洁，以山泉水为上，井水次之。看见士人用的竟是黄金汤瓶，人群中发出一阵轻呼，原来宋朝讲究"汤瓶宜金银，黄金为上"（宋赵佶《大观茶论》）。

　　等待烧水期间，士人将一个青黑色的茶盏放在火上温烤，经王道人解说才知道这叫"熁（xié）盏"。如果盏不热，茶沫则不易浮起。因为茶色白，所以宜用黑盏。道人说这盏色泽绀黑、纹如兔毫，应是建安窑所造，"因坯微厚，熁之久热难冷，最为要用。出他处者，或薄或色紫，皆不及也。"（宋蔡襄《茶录》）所谓"兔毫连盏烹云液，能解红颜入醉乡"（宋赵佶《宫词·其七十四》），便是对这种茶盏的赞誉。

　　一切准备妥当，只见青衫士人先将磨好的茶末放入茶盏中，再加入少量水调和成如融胶一般的膏状，接着注入茶汤，同时手握"茶筅"环回击拂。整个过程共点汤七次，第七次之后，盏中"乳雾"汹涌，溢盏而起，且咬盏不散，点茶即成。围观的人群发出阵阵赞叹，东坡先生所说"雪沫乳花浮午盏"（《浣溪沙·细雨斜风作晓寒》）诚不欺我也。

一位侍从正在用茶筅点茶，茶盏均为青黑色
宋周季常、林庭珪《五百罗汉图》局部

宋朝人点茶的场景
宋刘松年《撵茶图》局部

盏托

汤瓶

茶筅

茶磨比茶碾磨的茶粉更细，有利于之后的点茶

棕帚，用以聚敛拂扫茶末

看得全神贯注的王道人此时才对我说："茶末的多少与细腻程度，注水的力度、何时注、如何注，以及击拂的力道等各个环节必须恰到好处，才能达到'咬盏'的效果。茶少汤多，则云脚散；汤少茶多，则粥面聚……"话音未落，人群又是一阵惊呼，原来士人要用清水在上面作画了。

道人告诉我这就是我一直想看的"茶百戏"，也叫"分茶"，其实自唐代时就有，到了宋代更加流行，"下汤运匕，别施妙诀，使汤纹水脉成物象者，禽兽、虫鱼、花草之属，纤巧如画，但须臾即就散灭"（宋陶穀《荈茗录》）。等士人分茶结束，我一时找不到合适的词来形容自己此刻的震撼，竟然能在茶上"绘"出一幅绝佳的水墨丹青。

我激动的心情久久不能平复，对王道人后来讲述的那些关于贡茶的事都没能记住，只记得名字挺好听，什么乙夜清供、承平雅玩、玉除清赏、太平嘉瑞，等等，"龙团胜雪"好像最为极品。最后还是道人点的"脑麝香茶"将我的情绪拉回正轨，这茶喝着居然有一股奇香，原来是以龙脑和麝香两种香料熏制而成的。道人说之前以木樨、茉莉、素馨等花制作的"百花香茶"也颇受人们喜爱，但这两年用细嫩茶芽和绿豆、山药混合龙脑、麝香制作的"小煎香茶"又成了新宠，都城人均评其"煎点绝奇"。

香料在宋朝不仅可以用来制香，还被用来制茶或制成诸如"沉香熟水"之类的保健饮品
宋张择端《清明上河图》局部

我们那日聊到很晚才别过，之后过了数天，我收到王道人托人捎来的书信，说其挚友张先生邀他到府上做客。这位朋友是个雅人，每月均会安排不同的"赏心乐事"，且他的新婚夫人也十分好吃，或许跟我甚是投缘，问我可有兴趣一同前往。这难得的机会必须要把握呀，不知这位张夫人是否和辛追一样，也是"糕点迷""节日控"呢？

13. 腊八粥带着汤圆姗姗来迟

　　到张府的时候恰逢七夕，张夫人正忙着准备今日的"乞巧家宴"，"茜鸡"和时新果品是必备，还有特意从街市买回来的"笑靥儿"，是用油麹糖蜜制作的，因买得多，店家还赠送了一对门神样子的"果实将军"。人美心善的张夫人专门为我备了一套新衣，以应节俗，幸好我也提前准备了七夕潮玩"磨喝乐"作为见面礼，才没有失礼。

　　热衷美食的我们相谈甚欢，在"丛奎阁"宴饮到很晚。张夫人挽留我在府上多住些时日，说下月"秋社"时，她会依风俗回娘家一趟，她母亲做的"社饭"和"社糕"非常好吃，我一定会喜欢。中秋时的榅桲（wēn po）、石榴、梨、枣、栗、弄色柑橘都是新上市的美味，配上新出的螯蟹和新酒，到时候在"摘星楼"边赏月边吃，可以一起体验"暮云收尽溢清寒，银汉无声转玉盘"（宋苏轼《阳关曲·中秋月》）的诗意快活。九月，她会亲自为重阳家宴做重阳糕，有面糕、黄米糕、食禄糕、狮蛮栗糕等，并问我是喜欢上面掺釘了石榴子、栗子黄、银杏、松子这类果实的甜糕，还是缕以猪、羊、鸭肉等丝簇的咸糕。

春社和秋社都是古代极为重要的节日，社糕、社饭是必备的节庆食物
宋刘松年《春社图》局部

宋朝富贵人家的女子会于中秋时节登上高台亭榭进行赏月、拜月等活动
宋刘宗古《瑶台步月图》局部

　　一听到能吃到这么多好吃的，我开开心心地住下了。秋去冬来，天气越来越冷，但每月依然过得趣味十足——试香、赏雪、探梅……到了冬至，除了常规的家宴，还在绘幅楼吃到了难得的"百味馄饨"，一碗馄饨有十几种颜色，馅料各不相同，完全可以媲美当年烧尾宴上的二十四气馄饨。

　　一日下午，我们正在绮互亭赏檀香蜡梅，张夫人的贴身侍女端来一大盘胡桃、松子、乳蕈、柿栗之类的食材请她过目，我本以为是做糕的材料，没想到居然是第二天用来做"腊八粥"的。张夫人边检查边对我说，腊月八日这一天用各种果子杂料煮粥吃是她们这里的习俗，尤其在寺院更是备受推崇，僧人们一般称其为"五味粥"或"七宝五味粥"，每逢腊八都会熬粥分送给前来烧香拜佛的信徒们。

　　跟腊八粥一样姗姗来迟的还有汤圆，与它的偶遇要从宋朝的元宵节说起。吃过交年的赤豆粥，参加完热闹的除夕夜守岁家宴，很快就到了元宵节。这天街上到处张灯结彩，热闹非凡，一如白居易诗中所写"灯火家家市，笙歌处处楼"（《正月十五日夜月》）。街上摊贩一字排开，糕点食物团团密摆，有七宝姜豉、科斗粉、糖瓜蒌煎、玉消膏、琥珀饧、皂儿糕、酪面……皆用镂锼（tōu）装花盘架车儿，簇插飞蛾红灯彩盝（lù，古代的一种竹匣），令人目不暇接。

　　在如此丰富的节庆食物中，我发现出镜率最高的竟然是一种名为"乳糖圆子"的食物，长得很像汤圆。本着入乡随俗的原则，我果断来了一份，这香甜软糯的口感，不能说跟汤圆有点像，只能说几乎一模一样。

　　看我诧异又震惊的模样，张夫人笑着说："这是我们当地的节俗，每逢元夕这天，大家都会'煮糯为丸，糖为臛'（宋吕原明《岁时杂记》）。你若爱吃，回府后让后厨再多做几样'新法浮圆子'给你尝尝，有拿糯米、干山药捣粉做的，有用芋子磨烂和粉做的，有用鸡蛋加清粉做的，还有加绿豆粉为衣做的……"喜欢软糯食物的我感觉自己又赚到了，宋朝人果然是吃的行家。

宋朝富贵之家过春节的场景，
而元宵节比春节更为热闹和隆重
宋佚名《岁朝图》局部

正月之后，很快春暖花开，张夫人带着我赏花挑菜，煮酒斗茶，举办曲水流觞宴，在清明携麦糕、乳酪、甜团踏青郊游。不知不觉间，端午到了。这天，我们一行人正在"安闲堂"解粽，赞叹现在的粽子愈发精巧，竟能做成楼阁、亭子、车儿等诸般模样，完胜唐玄宗李隆基为之代言的"九子粽"，当年的"四时花竞巧，九子粽争新"（《端午三殿宴群臣探得神字》）现在也只能艳压一下角粽、锥粽、秤锤粽这些传统粽子了。正在感叹之际，一位文士模样的人突然到访。

客人为张氏夫妇带来一对"香圆杯"，原来是将香圆（即香橼）剖开掏空做成的杯子，上刻以花纹。现场温酒入杯，喝起来自带清芬馨然之气，众人均觉"金樽玉斝（jiǎ）"莫不如此。张先生见到这位客人甚为欣喜，对香圆杯更是爱不释手，客人自谦道乃是效仿他人为之。

小酌数杯后，张先生命人准备"银丝供"，并且特意叮嘱道："要提前调和好，保持本来的味道。"大家都赶紧放下手中的粽子，耐心等待即将上场的新美味。过了好久，仆人们先搬出来一张古琴，随后走出一位琴师，奏起了《离骚》曲。曲毕，这位客人忽然哈哈大笑起来："银丝乃琴弦也。"接着向众人解释道，"调和教好，调弦也；要有真味，盖取渊明琴书中有真味之意也。"大家瞬间明白，原来这道"银丝供"就是音乐表演啊！

张夫人小声为我介绍，说这位客人名叫林洪，为人风趣好客，又善诗文书画，对饮食也颇有研究，是他们夫妻俩的至交好友。怪不得这饭局的开场就充满了浓浓的文人气息，久闻大名，终于得见！

二、文人阶层的风雅饮食

1．一粥一饭皆诗意

这时，后厨端上林洪大哥带来的"洞庭饐"，大小与铜钱相仿，各用橘叶包裹，吃起来清香蔼然，果如在洞庭左右。林大哥说这是他在东嘉游玩时于水心先生席上吃到的，乃净居寺僧人所送，做法倒不难，"采莲蓬与橘叶捣之，加蜜和米粉作饐，合以叶蒸之"（宋林洪《山家清供》），水心先生作诗赞其曰："不待满林霜后熟，蒸来便作洞庭香。"

张夫人听闻笑吟吟地指着面前那盘去皮寸切的凉拌莴苣问道："此菜该当何名呢？"林大哥夹起一筷尝了一口，赞道："色美味佳，颇甘脆，名'脆琅玕'如何？"众人皆举杯称妙。

第二天早上，林洪大哥自告奋勇要去厨房展示一番，让我们静坐等待。稍后，先上来一盘金黄色的油煎嫩笋，再一人配一碗白米笋片粥，名曰"煿金煮玉"，这个名字来自济颠的《笋疏》："拖油盘内煿黄金，和米铛中煮白玉。"接着又上一盘松脆焦黄的蜜烤馒头片，林大哥介绍此为"酥琼叶"，取自诗句"削成琼叶片，嚼作雪花声"（宋杨万里《炙蒸饼》）。另有一盘小菜，内有嫩笋、小蕈、枸杞菜，受"笋蕈初萌杞叶纤，燃松自煮供亲严。人间肉食何曾鄙，自是山林滋味甜"（宋赵密夫《三脆曲》）这首诗的启发，林大哥将其定名为"山家三脆"。

吃饭的时候谈论到笋，林大哥说他最喜欢"傍林鲜"。夏初林笋盛时，在竹边煨熟，其味甚鲜。他认为笋最重要的就是"甘鲜"，不应和肉一起做。不过若是要搭配荤食，配以鱼虾、嫩蕨的"山海羹"倒是有别样的鲜美风味。还另外分享了一个用油菜做"满山香"的秘诀给张夫人，"只用茴香、姜、椒炒为末，贮以葫芦，候煮菜少沸，乃与熟油、酱同下，急覆之，则满山已香矣"。

山海羹
林洪在《山家清供》中提到的"山海羹"其实是一种兜子类食物，在盏内铺粉皮包裹馅料蒸熟而成，是宋朝最常见的包馅食品。笋蕨即山珍，鱼虾即海错（泛指海产品），故名山海羹

早饭过后，大家沿芙蓉池散步赏荷，见塘里的莲蓬长势甚好，林大哥当即询问张夫人可否摘下一些到中午用来做"莲房鱼包"。同为吃货的张夫人还能不同意吗，她也和我一样好奇这又是一道什么神仙菜。原来是将嫩莲房去须，洗净后截底剜穰，保留其孔，再用酒、酱、香料调和新鲜鱼块，填满孔洞，然后仍以底坐甑内蒸，蒸的时候顺便调制蘸料"渔父三鲜"备用。

　　这道菜的美味让我和张夫人情不自禁地起立鼓掌，林洪大哥谦虚地告诉我们，这也是他在别人宴席上吃到的，当时尤为惊叹，还特别写下"锦瓣金蕤织几重，问鱼何事得相容。涌身既入莲房去，好度华池独化龙"的诗来表达自己的赞叹，宴席主人听了甚是高兴，送了他"端研一枚，龙墨五笏"。

文人士大夫在宋朝政治地位极高且待遇优厚，经常参加或举办各种筵宴集会，这是他们交游的主要方式之一
宋佚名《寒林楼观图》局部

转眼又到秋天，丰富的食材让林洪大哥可以大展拳脚，他和张氏夫妇一起研发了使人有新酒菊花、香橙螃蟹之兴的"蟹酿橙"，又以秋栗、山药制作色味俱佳的"金玉羹"，还自创"梅花脯"，即将山栗与橄榄薄切同食，自诩吃起来有梅花风韵。见张先生用梨、橙、玉榴制作"春兰秋菊"时剩下了些雪梨，便将梨切碎捣成泥状，加入少许盐、酱、醋拌匀，名曰"澄玉生"，以佐酒兴。

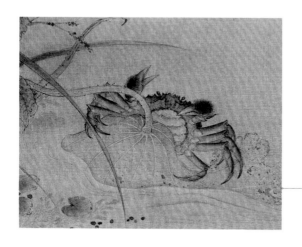

金秋食蟹风行两宋，尤受文人追捧。糟蟹、酱蟹、醉蟹、炒蟹、炸蟹、洗手蟹、蟹羹等吃法层出不穷
宋佚名《荷蟹图》局部

　　我们每日与林洪大哥吃得甚为开心，平平常常的食物经他手一处理，似有千般滋味，令人回味无穷。豆芽做的家常菜可得雅名"鹅黄豆生"；夜话诗书，便用熟芋切片，细磨榧子、杏仁，和酱加面煎熟，名"酥黄独"，"雪翻夜钵裁成玉，春化寒酥剪作金"的佳句也随口吟出；雪天一道"拨霞供"，不过是普通的涮烫兔肉，却让大家既体会到了团围暖热之乐，又欣赏到了"浪涌晴江雪，风翻晚照霞"之美。

拨霞供
即涮烫兔肉，跟现在的涮羊肉类似，林洪取肉在水中翻涌的形态而命名，极富意境

闲聊之际，我问起林大哥吃过的最美味的东西是什么，他哈哈一笑，说那必定是"冰壶珍"了，接着跟我们分享了一个故事。当年宋太宗问苏易简："食品称珍，何者为最？"苏易简说"食无定味，适口者珍"，而他认为齑汁最美。这让太宗大为好奇，于是苏易简自述自己曾在一个酷寒之夜拥炉烧酒，痛饮大醉，后拥被而眠，半夜忽而渴醒，借着月光走到庭院中，见残雪中露出做腌菜的罐子，当即用雪水擦擦手，抱起来狂饮几大口，顿时感觉上界仙厨、鸾脯凤腊也不及此。还打趣道自己一直想写下《冰壶先生传》记录此事，只是没有时间。

宋朝文人在雪天拥炉温酒叙
话的场景
宋马远《寒岩积雪图》局部

话毕，所有人都哈哈大笑起来，在最想吃的时候吃到嘴里的东西可不就是最美味的吗，这位苏易简真乃智慧之人也！此时，外面的雪越下越大，林大哥甚是开心，说看样子明日一早便可收集雪水，与落梅一起做道"梅粥"了。

2．"花"样美食，谁不心动

白雪皑皑的早晨，大家一边吃着热腾腾的梅粥，一边感谢林洪大哥。林大哥戏称这得感谢杨诚斋先生诗作得好，"脱蕊收将熬粥吃，落英仍好当香烧"（宋杨万里《落梅有叹》），他这是学了个现成，待会儿再模仿诚斋先生的"瓮澄雪水酿春寒，蜜点梅花带露餐"（宋杨万里《蜜渍梅花》）做一道"蜜渍梅花"，明日用来荐酒，比之今日的敲雪煎茶，风味不逊。

知道宋朝文人喜欢梅花，但没想到林大哥居然爱到"吃"迷。别人用半开的白槿花做"木槿汤"，他则用欲开的梅蕊做"汤绽梅"，夏月以热汤就盏泡之，花即绽，澄香可爱；别人用菘菜和极清面汤做"不寒齑"，他偏要再加梅英一掬，更名为"梅花齑"；别人用琼芝做"醒酒菜"，他却要在冷凝成冻之前投入梅花十数片，增其雅韵。

林和靖即林逋，北宋著名隐逸诗人，人谓之"梅妻鹤子"。林洪自称是其后代，因而对梅情有独钟
宋马远《林和靖探梅图》

　　林洪大哥还曾不畏路途遥远去紫帽山拜访高人，只为求得"梅花汤饼"的做法，据说会"一食不忘梅"，留元刚为此和诗"恍如孤山下，飞玉浮西湖"。在大家的请求下，林大哥当即为我们做起这道汤饼来。先以白梅、檀香浸水，再和面做馄饨皮，然后用凿成梅花样式的铁器压出梅花形的面皮，于沸汤中煮熟，放于鸡清汁内，食之极鲜美，可惜每人限量二百余枚，不能多了。

　　吃汤饼的时候，林大哥跟我们讲起他在别处食花的经历，让我羡慕不已。他有一次去拜访刘漫塘时，被留下午酌，下酒菜是一道"檐卜煎"，乃采栀子花大者，汤焯去水之后，用甘草水和稀面拖油煎，食之极清芳可爱。又有一次去灵鹫禅寺拜访苹洲、德修二僧，发现他们的午粥居然是用荼䕷花做的"荼䕷粥"，配以凉拌的木香嫩叶，甚为香美，在此之前，他还一直以为荼䕷不能吃。

五代徐熙《写生栀子图》

他兴致高昂地讲述着，浑然忘记了自己也是一个花馔高手。今年夏天，他于芙蓉正盛之时采花，与豆腐一起做了"雪霞羹"，红白交错，恍如雪霁之霞；秋天时，又和张先生一起用桂花做"广寒糕"，取"广寒高甲"之意，用来馈赠友士；做粟饭时，还会投入紫茎黄色的菊花，使饭熟后如"金饼"一般，且久食可明目延龄……如此"花"样美食，谁能不心动。

与林洪大哥相处久了，发觉他和本心先生（陈达叟，《本心斋疏食谱》作者）、东坡先生一样，似乎对素食情有独钟。"寻本真味道，养出尘精神"，这或许也是宋朝文人士子的别样追求吧。

清蒋廷锡《桂花图》局部

3. 素食主义者的朋友圈"大作战"

吃米饭时，本心先生在"朋友圈"写道："今日食'白粲'一碗，炊玉粒，沃以香汤，有一箪食，吾复何求。"林洪大哥在"朋友圈"写道，"色碧而坚，益颜延年，是《山家清供》中的首选"，再配上一张'青精饭'的美图；或"中虚七窍，不染一尘，岂但爽口，自可观心"，配图为雪藕加莲子做的"玉井饭"。东坡先生的"朋友圈"则为："种的大麦卖不掉啊，我吃新样'二红饭'呀！"

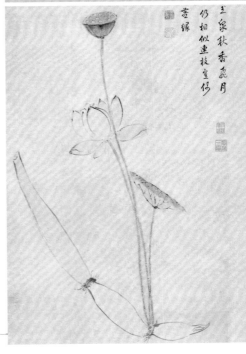

莲在宋朝文人心中是高洁的象征，因而与莲有关的莲子、莲藕等都被赋予相同的含义
明文嘉《莲藕净因图》局部

如果吃素菜，本心先生发"朋友圈"说，"山有灵药，录于仙方，削数片玉，渍百花香"，说的就是蜜渍山药。林洪大哥在"朋友圈"写道，"春日嫩芹'碧涧羹'，夏日鲜爽'槐叶淘'，秋冬煨芋'土芝丹'……"。东坡先生则发"朋友圈"说，"陆海八珍，皆可鄙厌也"，大手一挥，配图原来是水煮菘菜、荠菜和蔓菁啊。

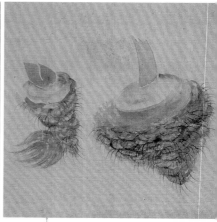

由文人士大夫掀起的食素潮流风靡两宋，在当时不仅有专门的素食饭店，还有专卖素点心的从食店元钱选《五蔬图》

"煨芋谈禅"在宋朝非常流行，因此芋头又被称为"禅食"，深受宋朝文人喜爱清恽寿平《花果蔬菜册》局部

斗得兴起了，本心先生天性淡泊，直接关闭"朋友圈"；东坡先生依仗文采，恣意飞扬，大赞自创的"玉糁羹"——"若非天竺酥酡，人间决无此味"；林洪大哥自知此处比拼不过，于是采用迂回战术，将清澈溪流处的小石子用泉水煮成"石子羹"，然后给图配文"静心品尝，其味甘于螺，隐然有泉石之气、山居之风"。

冷眼旁观的宪圣皇后终于坐不住了，拿出自己常吃的"牡丹生菜"优雅进食，配大内流行的"御爱玉灌肺"，只用真粉、油饼、芝麻、松子、胡桃、茴香六味食材，不沾任何荤腥，"朋友圈"立马彰显出皇家"清俭的大气"。当然，皇室吃素除了个人喜好，通常还带有一定的政治色彩。

既然说到宫廷美食，我在宋朝吃喝的这些日子里也算见闻颇多，毕竟诗词歌赋虽然高雅，但八卦才是人类天性呀！"独乐乐不如众乐乐"，有趣的事情一定要跟大家分享。就让我们摆出香美清甘的"松黄饼"，尽情畅聊吧。

三、揭开宫廷美食的神秘面纱

1．丰俭由人，高冷与烟火气并存

每遇宫廷内苑早晚进膳，禁卫先出面"清场"，等"拨食家"吆喝一嗓子，排好队列的"院子家"立即托着食盒依次进入，至于里面装的什么，一度不为外人所知。多亏后来有一个叫陈世崇的人，偶然从败箧中得到几页纸，纸上是司膳内人记录的理宗皇帝每日赐太子膳食菜单，有"酒醋三腰子、三鲜笋、炒鹌子、烙润鸠子、土步辣羹、海盐蛇鲊、煎三色鲊、螃蟹签、浮助酒蟹、酒醋蹄酥片、酒煎羊、二牲醋脑子、肚儿辣羹、酒炊淮白鱼"等近三十道菜，让大家小小地开了一下眼。

三位侍女分别端着托盏、食盒以及装着包子、点心的食盘
河南登封唐庄宋墓壁画《奉馔图》

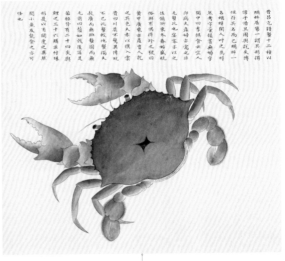

螃蚶是蟹的一种，南宋都城建于临安（今杭州），这里渔业发达、水产丰富，所以鱼蟹类水族美味逐渐在宫廷餐桌上占据重要地位
清聂璜《海错图》之《螃蚶》局部

我大胆猜测皇帝吃的应该比这个更好，毕竟连臣子进献的"长春法酒"都是由三十多味名贵中药制成的，喝的贡茶也是福建漕司进献的第一纲蜡茶"北苑试新"，乃顶级的雀舌水芽所造，皆方寸小夸（量词），一夸值四十万。虽然也有比较节俭的，像前面提到的喜爱食素的宪圣皇后、不忍铺张而拒绝烧羊的仁宗皇帝，还有一尾"胡椒醋子鱼"可以吃两天的孝宗皇帝，但总的来说，皇家一般都得拿出特有的范儿。

北宋开国皇帝赵匡胤夜访重臣赵普的场景，宋太祖生活简朴，图中出现的仅炙肉、温酒与两碟下酒菜

明刘俊《雪夜访普图》局部

下酒菜

温酒和炙肉

立春时，大内厨房同样要做民间流行的"春盘"和"环饼"，不过皇家的春盘"翠缕红丝、金鸡玉燕、备极精巧"（宋周密《武林旧事》），每盘值万钱。而环饼一定要大，至少得有民间十倍那么大。无论交年还是除夕，后苑内司必进呈"精巧消夜果子合"，虽然里面也装诸如"十般糖、花饧、蜜姜豉、蜜酥、小螺酥、市糕、五色萁豆、炒槌栗"这些在民间很常见的果子，但诸般细果、时果、蜜饯、糖饯及市食加起来足有百余种。

当然，接地气的吃食也是有的。皇帝们在夏天一样爱喝"雪浸白酒、沆瀣浆"之类，冬日赏雪时亦饮"羊羔酒"。而且还爱点"外卖"，名曰"宣索市食"，如"李婆婆杂菜羹""贺四酪面""脏三猪胰胡饼""戈家甜食"等，都是常被皇家光顾的明星品牌，创制于南宋淳熙年间的"宋五嫂鱼羹"就因此名声大噪，店主也一路逆袭成为当地富贾。

"一碗鱼羹值几钱，归京遗制动天容，时人倍价来争事，半买君恩半买鲜"，完全就是宋五嫂本人的发家写照。不过也不能怪皇帝嘴馋，毕竟"外卖"想吃啥就点啥，方便自由，不像规规矩矩的国宴，一切都得按照国礼来。

2．宋朝国宴，可能跟你想象的不太一样

现在，让我们以第一视角来观摩一场皇帝的生日宴会。前面一系列复杂的参拜流程就不说了，直接来到礼毕阶段，让参加宴会的人全部按照指示坐在集英殿指定

的位置上。这个时候，你的面前有"环饼、油饼、枣塔"做的看盘，旁边还摆着一列果子。虽然辽国使臣前面的看盘多了猪、羊、鸡、鹅、兔、连骨熟肉，但不要心理不平衡，反正看盘只能看不能吃。大概每隔三五人就放一桶"浆水"，里面立勺数枚。

宋朝宫廷饮宴有一套固定的礼仪制度，赴宴人员均需严格遵守宋郭忠恕（传）《宫中行乐图》

　　两位教坊的"色长"（宋朝教坊司官员）站在大殿前的栏杆边上，负责"看盏"斟御酒。御宴上的酒盏均为"屈卮"，样式如同菜碗。殿上坐的宰执、禁从、亲王、宗室、观察使以上级别的官员，以及大辽、高丽等国的正副使均使用纯金制造的酒盏，其他殿下诸人用的则为纯银，但餐具都是金银棱漆碗碟。

宋代葵形银盏

宋代菊花金碗

喝第一盏、第二盏御酒时，先不上菜，皇帝、宰臣、百官轮番敬酒，同时有各种歌舞表演热场。到了第三盏，下酒菜终于登场，有肉咸豉、爆肉、双下驼峰角子，还能边吃边看宋朝杂技"左右军百戏"。

宋朝高级饮宴上的乐队表演
宋赵佶（传）《十八学士图》
局部

第四盏仪式和前面差不多，下酒菜为炙子骨头、索粉、白肉胡饼。第五盏时可欣赏琵琶独奏，下酒菜为群仙炙、天花饼、太平毕罗、干饭、缕肉羹、莲花肉饼。然后大家中场休息一下，待会儿再回到各自的座位上继续社交。

宋朝御宴上每一盏酒都有相
应的表演，且会更换下酒菜肴
宋马远《华灯侍宴图》局部

众人归位完毕，从第六盏开始，下酒菜为假鼋鱼、蜜浮酥柰花。第七盏时，上排炊羊、胡饼、炙金肠。第八盏时，上假沙鱼、独下馒头、肚羹；第九盏时，下酒菜则为水饭、簇饤下饭，每一盏都配有表演，好活跃宴饮的气氛。九盏之后，宴会结束，皇帝起驾回宫，大家戴着御赐的簪花依次退场归家。

簪花习俗在宋朝达到高峰，赐花、簪花已经成为宫廷御宴的礼仪之一。
图中一名杂剧表演者即头戴簪花
宋佚名《杂剧〈打花鼓〉》

皇太后寿宴的流程和饮食与此相似，盖因后世"俱遵国初之礼，累朝不敢易之"（宋吴自牧《梦粱录》）。纵览这份国宴菜单，扑面而来浓浓的"管饱"气息，丰盛中尽显"朴实"，跟皇帝去别人家做客的时候完全两个样呀！

3. 一份臣子宴请皇帝的顶级震撼菜单

臣子请皇帝吃饭本为难得又机密的事情，一般情况常人是无法得知宴席内容的，但我竟机缘巧合得到了这份令人震撼的菜单。虽然宋朝权贵之家举办盛大宴会由"四司六局"代为操办，但若没有绝对的硬实力，怎么办得成这场令人震惊的豪门盛宴呢？

侍女在杯盏里悉心调着什么，桌上还准备着几盘不同种类的果子
河南登封黑山沟宋墓壁画《备宴图》

侍从们正在忙碌备宴的场景
宋赵佶（传）《文会图》局部

打开菜单，流程如下：

皇帝初坐，先上看盘。

盘中垒叠成堆的水果即看盘的一种
宋赵佶（传）《文会图》局部

绣花高飣一行八果垒：香圆、真柑、石榴、桄子、鹅梨、乳梨、樱楂、花木瓜。

宋朝宴席上摆着各种新鲜水果
宋佚名《春宴图》局部

乐仙干果子叉袋儿一行：荔枝、圆眼、香莲、榧子、榛子、松子、银杏、梨肉、枣圈、莲子肉、林檎旋、大蒸枣。

缕金香药一行：脑子花儿、甘草花儿、朱砂圆子、木香丁香、水龙脑、史君子、缩砂花儿、官桂花儿、白术人参、橄榄花儿。温馨提示，这些香药可不是吃的，作用类似于现在的香薰。

雕花蜜饯一行：雕花梅球儿、红消花儿、雕花笋、蜜冬瓜鱼儿、雕花红团花、木瓜大段儿、雕花金橘、青梅荷叶儿、雕花姜、蜜笋花儿、雕花枨子、木瓜方花儿。

樱桃不易保存，宋朝人一般将其制成蜜饯食用，笋则常用在雕花蜜饯里
清顾洛《蔬果图》局部

砌香咸酸一行：香药木瓜、椒梅、香药藤花、砌香樱桃、紫苏奈香、砌香萱花柳儿、砌香葡萄、甘草花儿、姜丝梅、梅肉饼儿、水红姜、杂丝梅饼儿。

脯腊一行：肉线条子、皂角铤子、云梦犯儿、虾腊、肉腊、奶房、旋鲊、金山咸豉、酒醋肉、肉瓜齑。

垂手八盘子：拣蜂儿、番葡萄、香莲事件念珠、巴榄子、大金橘、新椰子象牙板、小橄榄、榆柑子。

估计此处应有中场休息，因菜单上写着"再坐"，然后新一波美食上场，其中雕花蜜饯、砌香咸酸、脯腊三项跟前面的一样，新增各种水果和果子。

切时果一行：春藕、鹅梨饼子、甘蔗、乳梨月儿、红柿子、切枨子、切绿橘、生藕铤子。

时新果子一行：金橘、蔵杨梅、新罗葛、切蜜蕈、切脆枨、榆柑子、新椰子、切宜母子、藕铤儿、甘蔗奈香、新柑子、梨五花子。

珑缠果子一行：荔枝甘露饼、荔枝蓼花、荔枝好郎君、珑缠桃条、酥胡桃、缠枣圈、缠梨、香莲事件、香药葡萄、缠松子、糖霜玉蜂儿、白缠桃条。

珑缠果子之"荔枝蓼花"
据现代学者考证，"珑缠"应为糖缠的意思，即在干鲜果实外裹上糖霜。明代《宋氏养生部》里记载的蓼花制法类似于现在的江米条

珑缠果子之"荔枝好郎君"
果子在宋朝极为流行，是各种点心小食、果脯蜜饯等的统称

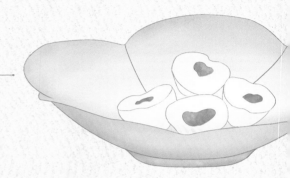

珑缠果子之"珑缠桃条"

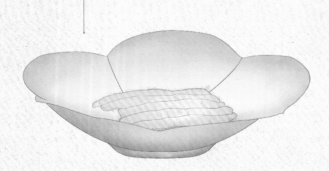

珑缠果子之"酥胡桃"
推测类似于现在的琥珀核桃仁

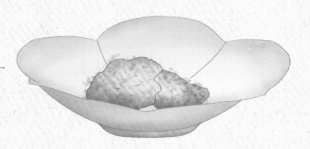

接着，下酒菜登场，共有十五盏：

第一盏：花炊鹌子、荔枝白腰子。第二盏：奶房签、三脆羹。第三盏：羊舌签、萌芽肚胘。第四盏：肫掌签、鹌子羹。第五盏：肚胘脍、鸳鸯炸肚。第六盏：沙鱼脍、炒沙鱼衬肠。第七盏：鳝鱼炒鲎、鹅肫掌汤齑。第八盏：螃蟹酿枨、奶房玉蕊羹。第九盏：鲜虾蹄子脍、南炒鳝。第十盏：洗手蟹、鲦鱼假蛤蜊。第十一盏：五珍脍、螃蟹清羹。第十二盏：鹌子水晶脍、猪肚假江珧。第十三盏：虾枨脍、虾鱼汤齑。第十四盏：水母脍、二色茧儿羹。第十五盏：蛤蜊生、血粉羹。

因鹌鹑特殊的食补属性，宋朝民间酒肆及皇室餐桌均常出现此类菜肴
宋马麟《梅竹鹌鹑图》局部

此次筵宴在南宋都城临安举办，因此鱼、虾、蟹、贝类及其他水产在御宴菜肴中占比近一半
宋刘寀《群鱼戏荇图》局部

看来这宴会的主人没少做准备啊，知道皇帝爱吃外卖，连市井小吃"血粉羹"也给贴心安排上了。参观过一次前面介绍的国宴，天真的你是不是以为这就算完了？毕竟十五盏下酒菜已经比国宴的九盏多很多了呀。宴会主人可不这么想，请皇帝吃饭大概率就是一生一次的机会，那必须得竭尽所能让皇帝满意，好东西通通安排上！

插食：炒白腰子、炙肚胘、炙鹌子脯、润鸡、润兔、炙炊饼、脔骨。

劝酒果子库十番：砌香果子、雕花蜜饯、时新果子、独装巴榄子、咸酸蜜饯、装大金橘小橄榄、独装新椰子、四时果四色、对装拣松番葡萄、对装春藕陈公梨。

厨劝酒十味：江珧炸肚、江珧生、蝤蛑签、姜醋香螺、香螺炸肚、姜醋假公权、煨牡蛎、牡蛎炸肚、假公权炸肚、蟑蚷炸肚。

注意，以上约二百道美食均为皇帝一人享用，纯属特供！跟随他前来的知省、御带、御药、直殿官、门司等人另有安排。比如给直殿官上的果子就有时果十隔碟，下酒菜有鸭签、水母脍、鲜蹄子羹、糟蟹、野鸭、红丝水晶脍、鳟鱼脍、七宝脍、洗手蟹、五珍脍、蛤蜊羹，合子食为脯鸡、油饱儿、野鸭、二色姜豉、杂燠、八糙鸡、库鱼、麻腐鸡脏、炙焦、片羊头、菜羹意葫芦。

而一同赴宴的外官，食次也必须备办妥当，这一百六十余人按照职位及其他综合因素共分为五等。第一等的宴席最豪华："烧羊一口、滴粥、烧饼、食十味、大碗百味羹、糕儿盘劝、簇五十馒头、血羹、烧羊头双下、杂簇从食五十事、肚羹、羊舌托胎羹、双下大膀子、三脆羹、铺羊粉饭、大簇釘、鲊糕鹁子、蜜饯三十碟、时果一合（内有切榨十碟）、酒三十瓶"，其余各等官员的食味依次减少，至第五等就只有"食三味、酒一瓶"了。

此外，菜单上还记录着赠送给皇帝及其随行人员的"伴手礼"，皇帝的当然最奢华，包括各类宝器、古器、汝窑瓷器、书画及匹帛等。看着这豪华的伴手礼单，一位在旁边一起"吃瓜"的老大哥幽幽地说："当年见到我太爷爷给辽国皇帝送生辰贺礼的礼单时，我也着实惊叹了一番，但跟这一比，简直是小巫见大巫啊。"

北宋驸马王诜邀苏轼在其宝绘堂鉴赏书画古器的场景，赏玩古器、品鉴书画极受宋朝上层人士的推崇
明仇英（传）《宝绘堂轴》局部

大家正围着菜单感慨万千呢，一听说这位仁兄的太爷爷去过辽国，好奇心顿起，纷纷打听当时他的太爷爷在辽国都吃了些什么。

四、解密同时期的辽、金、西夏都吃什么

1．辽朝

　　幸亏老大哥遗传了他太爷爷的好记性，我们才能跟着长见识。按照太爷爷的说法，当天招待他们的宴会上先上的是用勺子吃的"骆糜"，然后上来一大盘肉，装的是以熊、羊、豚、雉、兔肉做的濡肉，以及用牛、鹿、雁、鹜、熊、貉肉做的腊肉，全部切成比较方正的大块，再由两个穿着干净整洁的年轻人手执刀匕切割肉块分给汉使，此情此景让他太爷爷瞬间想起了王安石那首《北客置酒》："紫衣操鼎置客前，巾韝（gōu）稻饭随粱馔。引刀取肉割啖客，银盘擘臑薧与鲜"。

　　第二日吃到的是辽国珍膳"貔（pí）狸馔"，貔狸形如鼠而大，穴居，食谷粱，嗜肉，味如豚肉而脆，极肥美，在辽国属于贡品级别，刁约的诗《使契丹戏作》就有记录："饧行三匹裂，密赐十貔狸。"席上辽国契丹族人使用文木器餐具，汉使则用金器餐具。每日都会提供一碗加了生油的"乳粥"，虽有"北荒之珍"的称号，当年苏辙使辽时也写下了"羊脩（干肉）乳粥差便人"（《奉使契丹二十八首·渡桑乾》）的诗句，但太爷爷他们却不大吃得习惯，吃完都要喝一盏茶解解腻。好在当地虽不产茶，但还是能喝到宋朝的"岳麓茶"和"脑元茶"，且每日有各类"蜜晒山果"和"蜜渍山果"供应，可以调和油腻。

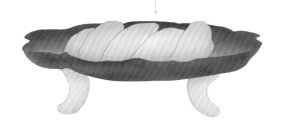

貔狸馔
貔狸是契丹语的音译，意思为黄鼠，除了招待贵客，在当时只有辽朝皇室及公、相级别以上的人才能食用

辽朝不产茶，茶叶主要来自宋朝，茶饮文化也随之传入
河北张家口辽代张世卿墓壁画《点茶图》

除了本地流行的粳籹（jīng chǎo）、杂籹，辽国人也吃糯饭、水饭、麦粥、包子、馒头这些流行于宋朝的食物，最喜欢干饭配葵羹。当地的节庆日大部分都有自己独特的饮食风俗，只有"人日"跟宋人一样会吃煎饼，每逢重阳节还会专门给蕃、汉臣僚赐菊花酒，但他们用来醒酒的竟然是"鹿醢"（鹿肉做的酱）。

　　由于气候的原因，太爷爷他们当时吃到的水果不多，印象最深的是"北京压沙梨（来自北京大名府压沙寺的冻梨）"，因为是冰冻的，所以不能直接吃，需先取冷水浸去冰壳，等梨融释方可食用。老大哥说："后来太爷爷又随同使臣团去了一次，在当时的季节还吃到了西瓜，并评价其'味甘脆，中有汁，尤冷'，应该跟家父出使金国时吃到的差不多。"

　　想不到大哥出身使臣世家呀，失敬失敬。说上瘾的老大哥礼貌谦虚一番，接着分享关于金国的美食轶事。

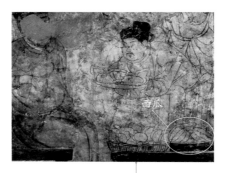

图中右下角的果盘里有西瓜
内蒙古敖汉旗羊山辽墓壁画

2．金朝

　　老大哥说当年他父亲出使的时候吃的还比较简单，抵达当晚只有粟饭和一盂粥，下饭菜是用动物的肉、血、内脏和韭菜混合醋及研磨好的芥子等做成的。饮宴时的下酒果子只有松子数颗，酒喝完之后才上下酒菜，随粥、饭等一起铺满几案，属于典型的少数民族饮酒法。

宋朝使臣出使金国期间随当地官僚出猎时小歇的情景
五代胡瑰（传）《卓歇图》局部

餐具皆为木制,没有陶器,但"御厨宴"时专为他们宋使设置了朱漆银装镀金几案,饮食器具也随之升级:果碟以玉、酒器以金、食器以玳瑁、匙箸以象齿。这类大宴上"肉盘子"是必备,因为当时羊还比较少,肉食以猪、鹿、兔、雁为主,肉盘子就是以极肥的猪肉或脂肪阔切大片,用一小盘子虚装架起,再插几茎青葱。馒头、炊饼、白熟、胡饼之类的面食过油后以蜜涂拌上桌,即为代表隆重和盛情的"茶食"。

而等老大哥出使金国时,饮食就大不相同了。早餐会提供各类点心,如灌肺、油饼、枣糕、面、粥、糕糜等,基本跟宋朝人吃的差不多,就是时间不够贴心,三更不到就被叫起来吃早餐。晚食提供馒头、血羹、毕罗、肚羹、荡羊饼子、解粥、肉簷羹、索面、骨头盘子之类的食物。

宴席初盏为"燥子粉",然后是"肉油饼""腰子羹""茶食",皆以大盘贮四十碟,比平日更加精巧。另有松子糖粥、糕糜、里蒸蜡黄、批羊饼子之类的食物,不能悉计。

金人蒸制面点的场景,受宋朝影响,金人饮食也逐渐发生改变
山西屯留宋村金代墓室壁画《庖厨图》

金朝人举办饮宴的场景
山西大同金代徐龟墓壁画《散乐侍酒图》

接着是大茶饭，先下"大枣豉、大饼、肉山"，其中的"肉山"以生葱、枣、栗装点，中间藏一羊头。又下"爨（zuǎn）鱼、咸豉"等五碟。之后菜品源源而来：二下饭与肚羹，三下饼子，五下鱼……最后是饼餤。

接着是"小杂碗""羊头""煿（bó）肉""刬（chǎn）子""羊头假鳖""双下灌浆馒头""粟米水饭、大簇飣"，宴席结束之后，还送了他们葡萄酒。"看盘"只在金国国宴上才有，用金垒子高叠七层，皆是梨、瓜之类的瓜果，其次皆低飣细果，并以玉壶贮"金兰酒"赐饮。

金人喜好饮茶，但当地不产茶，茶叶均来自宋朝，富人尤好建茗（建州的茶）。且金人跟辽人一样，待客习俗为"先汤后茶"，刚好与大宋相反。茶食亦紧随潮流，如婚俗必设的"大软脂、小软脂"，和宋朝的寒具差不多；款待贵客的珍品"瓦垄、桂皮、鸡肠、银铤、金刚镯、西施舌"之属，则类似于宋朝的"乞巧果子"，即用蜜和面，油煎之，以其形命名。

桌上明显可见茶盏，金朝同辽朝一样不产茶，茶叶主要来自宋朝，饮茶习俗与文化也受宋朝影响
山西玉泉村金墓壁画《侍茶图》

听到这里我恍然大悟，原来"酒阑故事添茶食，分得金刚镯似盘"（《辽金元宫词》）说的就是金国的这种茶食啊。而另一种茶食"蜜糕"也让老大哥颇为赞赏，那是用糯米粉做的，形状有方有圆，还有柿蒂花形的，馅内添加了用蜜渍过的松实和胡桃肉，很像大宋浙中的"宝阶糕"，吃起来的口感与油煎面点完全不同。

茶食（瓦垄、银铤、金刚镯）
此类茶食属于油炸面点，根据不同的形状来命名，是金国招待贵客的珍品

虽然已经是很多年前的事了，但老大哥对金国美食仍然记忆犹新，说金人非常喜欢喝粥，吃糖糯粥、粟饭、麦仁饭时爱在上面加枣、栗；馄饨、匾食属于御膳，姜也是珍品，只有接待贵客时才会切几缕姜丝置于碟中，且绝不加在食物中；驿中供金粟梨、天生子，皆当地珍果，但他仍觉得不如舅舅以前去西夏经商时带回来的"回鹘瓜"好吃。

3．西夏

那时他年龄还不大，除了回鹘瓜和大食瓜，老大哥对舅舅从西夏带回来的饼印象也尤为深刻，因为种类实在不少，干饼、烧饼、花饼、荞饼、粗粮饼、杂粮饼、彩色饼，多种多样。舅舅说西夏还有蒸饼、油饼、胡饼，因为跟宋朝人做得差不多，所以就没有带。

彩色饼
除了肉类，谷物也是西夏人的主食之一

原本舅舅是个不爱吃面食的人，但当地的米食只有"蒸米、炒米、米粥"等为数不多的几种，他就只能和"馒头、角子、细面、饼"这些换着吃，慢慢也就习惯了。印象中舅舅还提到过西夏的酸馅、甜馅、油球、盏之类的食物，但具体是什么就有点记忆模糊了。

不过老大哥一直没忘那里的"马奶酒"，据他舅舅说是用马乳而非粮食酿的，风味迥异，当地人很是喜欢。同辽、金一样，乳类制品在西夏人的生活中也占据着主要地位，除了日常饮用牛羊乳，还会做乳酪、乳酥、乳渣、乳糜等乳制食品。这些西夏特色，舅舅都带了些回来，本想再带点当地的粟酒、麦酒、葡萄酒，但东西实在太多，权衡再三还是换成了金银器一类的硬通货。

回程途中遇到一个叫"骨勒茂才"的党项人，舅舅见他干粮不多，就把自己在西夏准备的"麦秒"分给了他一些。得知舅舅是往来西夏做生意的宋朝商人，骨勒茂才特意向舅舅请教了香菜、薄荷、蔓菁、茄、瓠、马齿菜、吃兜芽、梨、栗、枣、桃、石榴等西夏能见到的蔬菜果品的发音，说他想用西夏文和汉文共同写一本书，现在正在收集资料。

西夏的蔬菜种类比较丰富，在西夏文本《三才杂字》和《番汉合时掌中珠》里记载的有 20 多种
元钱选《瓜茄图》局部

西夏也出产果品，桃、李、栗等在西夏古籍《圣立义海》中均有出现，而《番汉合时掌中珠》里的记载则更为丰富，包括当时和宋朝往来贸易的荔枝、龙眼、甘蔗等，不过这些稀有果品在当时仅供西夏皇室贵族享用
清顾洛《蔬果图》局部

　　莫非是那本《番汉合时掌中珠》？心中的猜测很快得到老大哥的印证，随后大家一同前往他家拜读这本最古老的"双语教科书"。晚饭时分，老大哥神秘地说为大家准备了特别用"乳羊"烹制而成的"五味杏酪羊"，随后得意地讲起这乳羊的来历。说英州有处"碧落洞"，内生钟乳，牧羊者在那一带放羊时，"羊食钟乳间水，有全体如乳白者，其肉大补羸"（宋朱彧《萍洲可谈》）。

　　进补什么的我倒不在意，不过味道是真好，连筷子都不用，直接拿勺子舀着吃，肉质软烂鲜美，还带着一股杏酪特有的香味。最后上来一道"当归生姜羊肉汤"，我在心里默默感慨，恐怕也只有宋朝人才这么"嗜羊如命"了吧。岂料羊儿还我一声轻蔑的冷笑："年轻人不要太天真，没事多读点书。来，送你一本《饮膳正要》，得空去元朝感受感受。"

第|六|章

元朝

各类民族饮食大放异彩，宫廷御膳更重保健。

人们对于养生药膳的痴迷有增无减。

领头『羊』的地位依然无可撼动。

一、羊：我承认自己美味滋补，但也不至于包治百病吧

　　我知道元朝人爱吃羊，以为不过是比宋人吃得豪爽些罢了。比如，先来三个羊头加羊腰、羊肚肺做个"带花羊头"，再来五个羊头做个"攒羊头"；用五副羊蹄做"熬蹄儿"，两个羊胸子做"脑瓦剌"；以十斤精羊肉配调料做点"派饼儿"，再来十斤精羊肉配小椒、蒲黄做个"蒲黄瓜齑"。再比如，"鼓儿签子"起码用五斤羊肉，还得外加羊尾子；"细乞思哥"则要用到"一脚子"（约为四分之一只羊）羊肉。羊肝这么美味，可不能随便烹饪，做成"肝生"最合适。而羊血也不能浪费，加白面可以做成"红丝"。不管是"仓馒头、茄子馒头"还是"天花包子"，无论做"荷莲兜子、水晶角儿"还是"酥皮奄子"，这些面点的内馅必带羊肉，有时还要配点羊脂、羊尾等来提升口感。

　　从宋朝过来的我到此都还可以理解，毕竟羊肉兼具美味与滋补，受欢迎也不足为奇，然而接下来的做法就让我大为震惊了。吃面时，春盘面、皂羹面、山药面、挂面、经带面、细水滑、马乞等等，通通配以羊肉为主的臊子；吃粉、喝粥也一样，大麦算子粉、糯米粉搊粉、乞马粥、河西米汤粥，无论用什么料，羊肉是必加的，原因只有四个字——补中益气。而且为了增强功效，还最爱跟"鸡头粉"搭档：鸡头粉馄饨、鸡头粉搊粉、鸡头粉血粉、鸡头粉撅面、鸡头粉雀舌棋子……花样百出。

由于统治阶层的偏好，食用羊肉的风俗在元朝达到顶峰
元佚名《三羊开泰图》

图中出现了刀削面，面食在元朝依旧大受欢迎，跟羊肉的搭配组合也相当多
山西阳泉东村元墓壁画《侍酒侍乐尚食图》

羊在古代是吉祥的象征，不仅滋味鲜美，还有温中健脾、补虚益气的药用功效，宋朝时就经常出现在各类药膳中，到了元朝更是深受宫廷御医的推崇。人们反复提到的"一脚子羊肉"，就可以混搭不同食材做成不同的药膳：配马思答吉做的"马思答吉汤"，可补益、温中、顺气；配大麦仁做的"大麦汤"，可壮脾胃、止烦渴、去腹胀；配沙乞某儿做的"沙乞某儿汤"，可补中下气、和脾胃；配苦豆做的"苦豆汤"，可补下元、理腰膝；配松黄汁做的"松黄汤"，可壮筋骨。而秒汤、阿菜汤、团鱼汤、薹苗羹、杂羹等，亦各有不同的食治功效。

还有用"炙羊心"治心气惊悸、郁结不乐，用"羊肚羹"治中风，用"羊蜜膏"治咳嗽，用"米哈讷关列孙"治五劳七伤……至于其他的"围像、盏蒸、三下锅"这些，通通都挂上了"食治药膳"的名号，隔着厚厚的书页，我仿佛都能听到羊儿的呐喊："实事求是地讲，咱真不能包治百病呀！""都是为了养生，何必这么较真？"隔壁的茶和酒云淡风轻来相劝。

 二、茶酒之饮，延续对养生的热爱

"茶氏"家族表示，无论是顶级的江苏"紫笋雀舌"，还是江浙庆元路的"范殿帅茶"、湖州的"金字茶"、广南的"孩儿茶"、黑峪的"温桑茶"、江西的"燕尾茶"、四川的"藤茶、夸茶"，抑或来自宣政院辖地雅州本土的"西番茶"，色味固然有等级的差别，但都会被总结概括为"皆味甘苦，微寒，无毒。去痰热，止渴，利小便，消食下气，清神少睡"，回归茶的药用本质。家族中还有可代茶的饮品，传闻是滦阳一个叫"邢君隐"的人以芍药芽制成的，名曰"琼芽"，曾经一度成为宫廷贡品。

到了"酒氏"家族这里，最受宠的不是莲花白酒、天台红酒、南番烧酒、蜜酝透瓶香等传统酒品，而是各类药酒。比如治骨节疼痛的虎骨酒，去风湿的醒醐酒，通血脉、壮筋骨的地黄酒、茯苓酒、松根酒；补虚损、益颜色的山药酒、菖蒲酒，消冷坚积、去寒气的阿剌吉酒，益气、止渴的速儿麻酒。另有腽肭（wà nà）脐酒、小黄米酒、五加皮酒、紫苏子酒等，主打延年益寿、大补益人。

酒旗

忙碌的店家与饮酒的顾客

图中乡村酒馆酒旗飘摇，内有顾客正在饮酒，一旁还有忙碌的店家
元佚名《元人渔庄秋色图》局部

最夸张的是，即使流行饮品已经主打保健，市场上还有可以代酒饮的"人参汤"、代葡萄酒的"五味子汤"，乃至诸如杏霜汤、枣姜汤、四和汤、破气汤、桂浆之类的其他饮品，也纷纷贴上保健的"标签"加入竞争，延续宋朝对养生的痴迷，并大受统治阶层重视。

此外，对于饮酒爱好者而言，"食药"一族颇有用处。用于醒酒的食物或药膳在嗜酒成风的时代很受欢迎，比如细嚼一钱"八仙散"，温酒服下，即可令人饮酒不醉，兼能壮脾进食；就算喝多了也没关系，"丁香饼子、醉乡宝屑"不仅能解酒，还顺带宽中和气、温胃去痰；如果宿醉烦渴或大醉难醒，"柑皮散、石膏汤"醒酒效果甚好，多服也可。

一听还有这等好物，酒量不行的我放下顾虑大吃大喝起来，美美品尝元朝各种各样的下酒菜。

 ## 三、无论下酒还是下饭，素食总有一席之地

酒量不行的问题解决了，不过这下酒菜着实又让我开了眼，一度怀疑是不是发扬了宋朝人对内脏的热爱精神，店铺招牌菜前三竟然是"生肺、酥油肺、琉璃肺"，不仅真的是用新鲜生肺做的，还是冰镇过的，吃的时候直接割食，差别在于灌入肺中的调味食材不同而已。

思虑再三，我还是放弃了这些生食冷盘，选了类似于现在肉皮冻的"水晶冷淘脍"，和一道以熟鸡丝、熟羊肚丝、熟虾肉、熟羊肚胘、熟羊舌片加腌过的熟笋丝、藕丝等做的"聚八仙"，前者配五辣醋，后者配蒜酪。店家见这些肉类下酒菜有些不合我意，当即推荐了店内的素下酒：有用面筋做的"鳝生"和"酥煿鹿脯"，用蒟蒻（jǔ ruò，魔芋）做的"假灌肺"，用鲜莲肉和菱肉做的"假蚬子"……配他家新品"雪花酒"极佳。

随后的美食之旅中，我发现宋朝遗风以及宗教的盛行使得食素在元朝并不罕见，不仅有素下酒，还有素下饭，并且隐隐透出一丝要和肉下饭一较高下的感觉。比如以熟面筋、碎笋片、木耳等仿做的"带汁鯎（xián，通'咸'）豉"下饭、下酒堪称一绝，完全不输以精羊肉为原材料的"干鯎豉"；用熟山药、豆粉、乳团做的"两熟鱼"，油炸后入蘑菇汁内煮，再配姜丝、菜头，一秒钟弥补了吃不到"酥骨鱼"的遗憾；以蜜或枣做馅的"素油饼"卖得比"肉油饼"还要好……

不仅如此，连包子、馒头里的素馅也颇花心思。"菜馅"内不光有菜，还会加入红豆、粉皮、山药片、栗黄等提升风味；"七宝馅"真的会用到栗子黄、松仁、胡桃仁、面筋、姜米、熟菠菜、杏麻泥七种食材；而最近流行的"澄糖千叶蒸饼"内包的则是将红豆焖熟制成的"澄沙糖馅"，每次去买都要排队，简直供不应求，眼光独到的老板还新开发了用绿豆和姜汁做的"豆辣馅"。不过说到馅料，其他民族在这方面的花样又更胜一筹。

烤包子

元朝儿童烤包子的场景

元朝的带馅面食跟宋朝的差不多，不仅有包子、馒头，还有各种兜子、角儿等，馅料丰富、做法多样

元佚名《同胞一气图》局部

 四、多元民族饮食大放异彩

就拿前几日我刚刚吃到的"卷煎饼"来说，光是它的馅料食材就有胡桃仁、松仁、桃仁、榛仁、嫩莲肉、干柿、熟藕、银杏、熟栗、芭揽仁等（银杏、栗子、胡桃、松子等干果在古代常被用来作为馅料里的配料）数十种，先和以糖霜与蜜，再加碎羊肉、姜末、盐、葱调和作馅，然后卷入薄摊的煎饼中，以油炸焦，一口下去，异域风味满满。

令我没想到的是，羊肉居然也是回族食品里的宠儿，不光煎饼里得配点，做"糕麋"的时候，除了传统的糯米粉，也要用到煮得极烂的去骨羊头肉，再加酥蜜、松仁、胡桃仁之类的配料。跟黄烧饼最配的配菜"哈里撒"不仅用了切㕮羊肉和去皮小麦，还要再浇上羊尾油或羊头油。回族特有的面食"秃秃麻失"和"酸汤"，被称为西天茶饭的"八儿不汤、撒速汤"，以及维吾尔茶饭里的"搠罗脱因"，都有羊肉。

不得不再次感叹一下羊类在元朝的影响力，恐怕只有酥蜜能与之勉强一战了。

前面提到的煎饼、糕縻除了羊肉外都掺有蜜，而用羊肉和鸡蛋做的"海螺厮"，更是在切片后直接将酥蜜浇在上面。酥和蜜还经常跟面粉、豆粉一类合作搭配，像八耳塔、哈尔尾、即你疋牙都是它们的产物。其中最为高级的当属"古刺赤"：一层煎饼，一层白糖末、松仁、胡桃仁，如此铺三四层，然后用油调蜜浇食，且摊煎饼时一定要用鸡蛋清、豆粉、酪来做。

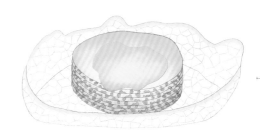

古刺赤
宋元时期的一种回族面点

满族食品也不甘示弱，"蒸羊眉突"独占鳌头，"塔不刺鸭子"和"野鸡撒孙"紧随其后，且鸡、鸭、鹅、鹌鹑等都可如法烹制。虽然"满族糕縻"跟"回族糕縻"差不多，但"高丽栗糕"的风格更偏向宋朝的狮蛮栗糕，只不过既不用五色米粉捏狮蛮造型，也不会装点其他果仁或小彩旗，而是直接用栗子粉、糯米粉、蜜水拌润，蒸熟食用，要的就是原味纯粹。若是你嫌寡淡，那必定会喜欢"柿糕"，因为在制作的时候会往干柿粉和糯米粉里拌枣泥，蒸熟之后再加松仁、胡桃仁，杵成团，浇蜜食用。

图中有两处出现柿子，柿子在古代寓意吉祥和丰收，除了直接食用，干柿还和栗子一样可以磨粉做糕，或被用在各种馅料之中
元佚名《丰登报喜图》局部

柿子

每次一提到各种糕点甜食，我总忍不住想来场下午茶。但元朝的茶跟宋朝有些不一样，一大特色是喜欢往茶里加酥油，煎本土西番茶要加，制保健明目的枸杞茶也要加，声名在外的"兰膏"和"酥签"就是分别用"玉磨茶"和"金字茶"加酥油制成的。还有一种"炒茶"最为奇妙，乃用马思哥油（即酥油）和牛奶子、茶芽同炒而成，深受元朝宫廷的喜爱。

五、闲话元朝宫宴

据说元朝宫廷每年六月选定吉日举办的"诈马宴"相当盛大，但宫宴上具体吃什么，只有元朝人杨允孚在《滦京杂咏》里的描写，稍微留给人们一些有形的念想——"嘉鱼贡自黑龙江，西域葡萄酒更良。南土至奇夸凤髓，北陲异品是黄羊"。而关于每年八月举办的"马奶子宴"，更是记述寥寥，外人纷纷猜测筵席之上是否会出现传说中的迤北八珍：醍醐、麆沆、野驼蹄、鹿唇、驼乳糜、天鹅炙、紫玉浆、玄玉浆。

宫廷侍女为王公贵族准备膳食的场景
山西洪洞县广胜寺元代壁画《尚食图》

后宫饮宴则名色各异，碧桃盛开时有"爱娇之宴"，红梅初发时有"浇红之宴"，赏海棠谓之"暖妆之宴"，赏瑞香谓之"拨寒之宴"，赏牡丹谓之"惜香之宴"，落花时设"恋春宴"，催花时设"夺秀宴"，上巳日设"爽心宴"，七夕节设"斗巧宴"。饮宴必举杯相赏，携樽对酌，酒有翠涛饮、露囊饮、琼华汁、玉团春、石凉春、葡萄春、凤子脑、蔷薇露、绿膏浆，酪有杏花酸、脆枣酸、润肠酸、苦苏浆，而以玉板笋和白兔胎做的"换舌羹"风评极佳，一度超越宫中羊类御膳。

传说最为热闹的是中秋之夜，皇帝会与诸嫔妃泛舟赏月于禁苑太液池中，开宴张乐，席间"荐蜻翅之脯，进秋风之鲙，酌玄霜之酒，啖华月之糕"（明陶宗仪《元氏掖庭记》），品尝鲜菱角、鲜莲子。夜晚"月色射波，池光映天"（《元氏掖庭记》），乐舞不断，大有"三千歌棹摇绿烟，湿鬓吹堕黄金蝉。琪树飕飕红鲤跃，衮龙正宴瑶池仙"（元陈孚《咏神京八景·其一》）之势。

图中依稀可见宫殿内人们的生活场景，或观赏风景或对坐饮酌
元佚名《元人建章宫图》局部

虽然这些皇家的盛大仪式我这样的普通人体验不到，但今年中秋与倪瓒大师等人泛舟太湖、把酒赏月的经历也是绝妙之至，而由他亲自烹饪的"酒煮蟹"更是让我久久不能忘怀。"紫蟹霜肥秋纵好"，秋天正是吃蟹的最佳季节，作为老饕的倪大师对蟹的吃法却不止一种。

六、是文人也是老饕

简单本味的"煮蟹"只需将蟹与生姜、紫苏、橘皮、盐同煮，现煮现吃，搭配橙齑、醋，一下就吃出"半壳含黄宜点酒，两螯斫雪劝加餐"（宋苏轼《丁公默送蝤蛑》）的感觉。复杂的如"蜜酿蝤蛑"和"新法蟹"，虽然都用到了蜜，但做法大不相同，吃起来也是风味各异。更绝的是"蟹酿"，以粉皮、蟹肉、鸡蛋液、蟹膏层层铺叠蒸熟后，还需另用蟹壳熬汁，加真粉（绿豆粉）勾芡，最后以菠菜铺底，浇上熬出的蟹壳汁供食。

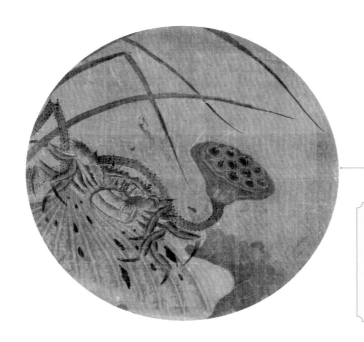

螃蟹古时也称"郭索"。倪瓒是江苏无锡人，后隐居于太湖一带，日常饮食中不乏各类水产，作为江南文人更是对蟹痴迷不减
宋佚名《晚荷郭索图》局部

太湖之畔不乏水产，这类美食尤受倪大师青睐，连"冷淘面"都喜欢用鱼或虾做浇头。大家去"云林堂"做客的时候，吃过常见的酒烹蚶子、酒煮江鳐、香螺先生，也吃过不一样的新法蛤蜊、江鱼假江鳐、海蜇羹，有一道"青虾卷爨（cuàn）"尤为精致，搭配"鲫鱼肚儿羹"，简直鲜美无比。

既是老饕，所用食物自当包罗万象，川猪头、烧猪肉、腰肚双脆、烧鹅等荤菜都是倪大师餐桌上的常客，且每样皆有他自己独特的制作秘诀和食用方法。素菜烹饪也各有千秋："雪盦（ān）菜"是酒蒸的，用春菜心，只留少许叶片，上覆厚切乳饼；"麸干"要用吴中细麸，选新落笼不入水者，先煮再腌，后晒干；"烧萝卜"

不需要加热，直接浇调和好的烧沸热汁即可；"醋笋"必须现吃现做；"煮蘑菇"得用鸡肉汁……

别人吃馒头蒸熟即可，但倪大师不仅喜欢"糟"一下（一种腌制方式），还喜欢用香油炸。冬天去他家经常能吃到这种"糟馒头"，除了普通的细馅，竟然还有黄雀馅，旋于火上炙热，搭配"蜜酿红丝粉"，简直惊艳味蕾。不过，倪大师虽然十分好客，但有严重的洁癖。

据说曾有一位友人前去拜访，因畅聊太晚不得已夜宿他家，结果倪大师竟一夜未睡，不断起身偷偷查看友人的动静，担心人家弄脏了房间。友人无意间咳嗽了一声，大师顿时睡意全无，熬到第二天清早，待友人一走，便立即让仆童寻找友人所吐秽物。仆童遍寻不着，又怕挨骂，就找了一片带有露水的梧桐树叶交差，大师掩面嫌弃，当即让人把树叶丢到十里外的地方去。

倪瓒有严重的洁癖，上厕所得铺鹅毛，连门前的梧桐树都要让仆从经常给"洗澡"
元张雨《题倪瓒像》局部

因此为了避免这种尴尬，大家达成默契均不留宿，一般都是当天拜访、当天离开，烹壶热茶，就着"熟灌藕、白盐饼子"一类的小点心，抚琴作画，谈玄论道。

倪瓒大师的画自不必多说，清润淡雅、简远自然，被赞"画林木平远竹石，殊无市朝尘埃气"（元夏文彦《图绘宝鉴》）。他亦擅书法、诗文，饮茶还十分讲究，饭间所供"莲花茶"需在日出时分选莲花蕊略破者制作，自创"清泉白石"乃将核桃、松子肉和真粉做成小块石头状置于茶中，喝起来颇具文人雅气。

有一次，倪大师以此茶招待宋朝皇室后裔赵行恕，结果现场没收到好评，大师一怒之下斥道："吾以子为王孙，故出此品，乃略不知风味，真俗物也。"赵行恕也有点生气，觉得自己莫名冤枉，随后二人竟就此绝交。所以当我们受邀去品尝倪大师酿的"郑公酒"时，即使对于面前的下酒菜已经垂涎欲滴，但还是先小酌了两口酒，品评称赞一番，再下箸品尝"煮猪头肉"。

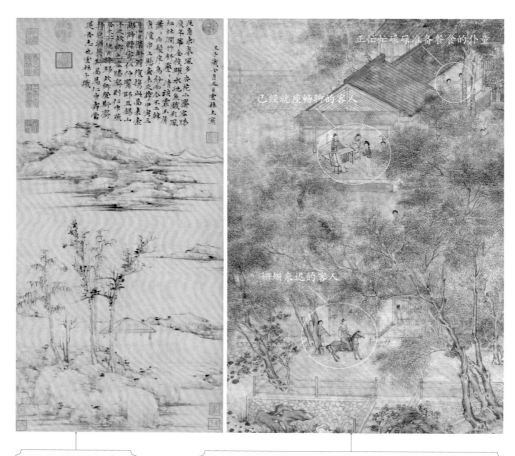

元倪瓒《容膝斋图》

元朝文士相互之间拜访做客的场景。屋内已有客人就座畅聊，门口一位客人姗姗来迟，仆从们在准备饮食，十分忙碌
元赵孟頫《万柳堂图》局部

虽然猪肉在元朝的地位仍然不高，但比东坡先生笔下"黄州好猪肉，价贱如泥土。贵者不肯吃，贫者不解煮"（宋苏轼《猪肉颂》）的状况已经好多了。倪大师的烹饪手艺更是不俗，无论是"烧猪肚"还是"烧猪脏"，都没有一丝腥臊味，而用精、肥两样猪肉做的"水龙子"吃起来又是另一番口感。大师若是去到明朝，肯定更能大展身手，说不定还会和明代美食研究家宋诩的"厨神"妈妈成为忘年交。

第七章

明朝

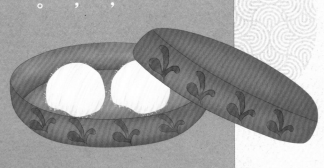

文人追求饮食精致，
宫廷饮食日趋奢靡，
『看菜』变『看席』。

点心甜食花样繁多，月饼『出圈』中秋节。

猪肉反超羊肉，野菜再度翻红。

一、食材丰富，轻松满足人们的口腹之欲

1. 猪肉获得新地位，牛肉也能大方吃

宋妈妈年少的时候，跟随自己做官的父亲到过许多地方，对烹饪极为感兴趣的她学会了不少美食的制作方法，外加天赋加持，因此在厨艺上颇有造诣。就拿猪肉来说，单单一项"烧猪"，她就可以做出油烧猪、酱烧猪、清烧猪、蒜烧猪、盐酒烧猪等菜式，而普通的大燠肉、水炸肉、清蒸肉、糖炙肉、炒腰子、酿肚子对她来说简直毫无难度。

猪肉在明朝终于扳回一局，成为餐桌常见菜肴，除了上面提到的，还有极具烹饪特色的藏煎猪、油爆猪、酸烹猪、和糁蒸猪、火炙猪、手烦肉，可以长久保存的盐猪杷、糖猪杷、火猪肉等。而且猪肉不仅在民间盛行，在宫廷里也风头正劲。乾清宫、坤宁宫、翊坤宫、储秀宫的每日膳食供给中，猪肉早已超越羊肉的份例成为首位，开国皇帝朱元璋的餐桌上就有"蒸猪蹄肚"和"猪肉炒黄菜"，明成祖朱棣的晚膳则有"猪肉撺（通'氽'）汤"。

图中出现专门买卖猪的"猪行"，猪肉在明朝正式登上餐桌，反超了羊肉的地位
明佚名《南都繁会图》局部

本店宰质猪羊

地窖中的肉

本店宰质猪羊

刚刚宰杀的猪

明朝集市上专门宰杀猪羊的摊位
明仇英《清明上河图》局部

　　正替羊肉感慨"这世界变化太快，还没经历平分秋色，突然就被局势碾压"时，宋妈妈笑吟吟地让人端上来一盘牛脯，说"酒烹猪"还差些火候，先吃点这个垫垫肚子。我疑惑道："咦，明朝能吃牛肉了？"

　　小宋诩一把接过我的话头儿："能吃啊，只是不能私自宰杀，必须提前申报，得到官府许可才行（明朝对于牛肉的限制没有唐宋那么严苛，甚至还能在集市买卖，价格比猪肉还低）。我最爱吃母亲做的'生爨（cuàn）牛'和'油炒牛'了，你要吃过一次，绝对忘不掉，比一般的'燻牛肉、糟牛肉'可香多了，再配上'萝卜卷'，我能多吃三碗饭！"

　　"萝卜卷？那又是什么好吃的？"我的好奇心瞬间被勾起。

　　"哈哈，猜你应该不知道。这是我母亲新学的制蔬方法，她不单荤食做得好，烹饪蔬果也是一绝！"只见小宋诩煞有介事地掐指一算："至少有二十多种制法呢，且听我一一道来。"

2. 令人眼花缭乱的果蔬烹饪法

"最简单的就是'蒸'和'煮',可以将桃子或者梨子(蒸梨在唐宋时期就很流行,古人认为将水果蒸熟食用比直接吃更养生)去皮,与蜜或者砂糖一起蒸着吃,若是蒸芋魁、山药一类,则用盐最合适。适合煮的东西就多了,莲子、鸡头、地栗(地栗即荸荠,煮熟吃口感更为香甜,且可以避免感染寄生虫)、菱角这些都可以直接拿水煮熟,凭食材本身的清香就足够好吃了。而豆类和其他菜蔬就要根据实际情况选择添加盐、醋、姜、蒜、椒、酱等,这样煮出来才更有滋味。有的食材煮完后还得再用料炒一下,或者单独准备调料蘸食、浇食。"

"一个简单的'水煮'竟有这么多门道!那腌制的岂不是更难?"我放出心中大大的问号。

"倒也不全是,像'醋浸',用米醋加甘草汤或者盐就行,萝卜、白菜、葡萄、新枣、金橘都能浸。另外,'糖醋、油醋和、蒜醋和、蒜盐和、芥辣和'这些料理方法也很简单,用料不多,吃起来口感还不错。尤其是糖醋法,最适合用来腌制蒜头、茭白、黄瓜、甘露子这类蔬菜。"

"那复杂的呢,比如'糟腌'?"我在自己有限的腌制知识里挖出一个词。

"酒糟类的料理法还不算复杂,只是在糟、食材和盐的分量配比上需要多斟酌些,除了各类蔬菜,李子、枇杷、橄榄这些水果也可以糟来吃,制法亲民。复杂的是'盐腌'和'酱渍'这两种,不仅步骤多、过程烦琐,还有不少注意事项,但是可用的蔬果种类很广,瓜、茄、豆、菜都可以做,还可以酱果皮呢。"小宋诩呷了口茶,继续眉飞色舞地讲着。

卖货郎的货架上售有各种水果。明朝时期水果种类愈发丰富,而烹饪技艺的大幅提升使得人们不再将水果简单局限在生吃和制作蜜饯上,还可以有醋浸、酒糟、晒炙等多种做法
明佚名《夏景货郎图》局部

各种新鲜水果

"至于你刚才问到的萝卜卷，制作方法叫'沃'，是我母亲最近新学到的，她正在研究同款的豆腐皮卷怎么做更好吃。不过她最拿手的还要属'菹'，从'油炒'和'油酱炒'两种制蔬方式里取经，研制出了葱芽菹、杂和菹、八宝菹、相公菹……"

　　正说着，小宋诩的目光无意间瞥到桌上的栗子，立即补充道："对了，像炒栗子这种单纯的'炒'也是一种制作方法，一般用来加工银杏、榧子、糯米、黄豆等。炒栗子的时候，一定要少放一点油，这样成品才更为酥香，熟栗肉还可以跟胡桃仁、榛仁、熟莲实、熟菱肉一起做成'糁'，'果糁、佳蔬糁'都是我从小喝到大的，而生栗肉则可以模仿茄、藕，用糯米粉或面水'油煎'。另外还有'熏''脯''晒炙''醋烧'等"。

各类果蔬烹饪制法在菜、豆、瓜、茄等菜蔬界的应用仍然最多，传统的盐腌、酱渍法被继承并发扬光大，新的制法如沃、糁、醋烧、油酱炒、蒜盐和（'蒜盐和'为一种制蔬方式）等层出不穷
清顾洛《蔬果图》局部

　　"在那聊什么呢这么起劲？该招呼客人吃饭喽。"伴随着宋妈妈温和的声音，各种美味佳肴渐次出现在八仙桌上。每吃一道菜，我对宋妈妈的敬佩之情都随之升高几分，尤其是最后那道"蒸卷"，入口即征服了我的味蕾。只恨自己水平有限，不能当即吟诗赞美。小宋诩这下可得意了，说他妈妈做点心的手艺比做菜更高超，我若不信，就多待些时间，亲自鉴定一下。

3.选择困难户彻底迷失在点心甜食的漩涡中

　　"我妈妈做的点心可以一个月都不重样，绝对不输宫中每月殿前供养。"小宋诩自信满满地说道，再看一旁的宋妈妈，感觉马上就要冲进厨房现场展示了。

为了证明自己所说不假，小宋诩特地把奉先殿每日供养写了下来。我看了一眼，不禁感慨，真难为他有这么好的记忆力了："初一日，卷煎；初二日，髓饼；初三日，沙炉烧饼；初四日，蓼花；初五日，羊肉肥面角儿；初六日，糖沙馅馒头；初七日，巴茶；初八日，蜜酥饼；初九日，肉油酥；初十日，糖蒸饼；十一日，荡面烧饼；十二日，椒盐饼；十三日，羊肉小馒头；十四日，细糖；十五日，玉芟白；十六日，千层蒸饼；十七日，酥皮角；十八日，糖枣糕；十九日，酪；二十日，麻腻面；二十一日，蜂糖糕；二十二日，芝麻烧饼；二十三日，卷饼；二十四日，燂羊蒸卷；二十五日，雪糕；二十六日，夹糖饼；二十七日，两熟鱼；二十八日，象眼糕；二十九日，酥油烧饼。"（清孙承泽《思陵典礼记》）

当天下午，宋妈妈就开始了她的花式厨艺大秀场。晚餐前的"油烙卷"和"油煎卷"一甜一咸，吃起来各有千秋。第二天早晨的乳粉饼、山药糕只需搭配一碗简单的粳米粥便已足够；午饭前一人两块"炒米糕"，搭配"轻素汤"；饭后，宋妈妈精心准备了自制的"明风下午茶"，即绿豆粉糕、甘露饼、到口酥、细酸、果单，搭配新到的"六安松萝茶"，完美正当时；晚餐后，每人还有一碗"小裹金丸"，甜糯可口。

距离点心铺子不远处就有一家售卖茶食和果品的店铺，茶食即佐茶的精致细点，在明朝十分盛行明仇英《清明上河图》局部

仅这一天的花样就已经让我大开眼界，接下来的时间里，我还吃到了薄饼、荞饼、脂肪饼、糖酥饼、复炉饼、雪花饼……栗糕、芡糕、松黄糕、莲蓣糕、杂果糕、马脑糕……香花、松花、巧花儿、芝麻叶、芙蓉叶、一捻酥、猪耳、水磨丸、水浮丸……下午茶时间虽然经常会有"糖缠"，但每次品类都不一样，包括但不限于榛仁、松仁、瓜子仁、栗子、莲子、榧子、芝麻、大豆、紫苏、生姜、细茶叶、薄荷叶、香橼皮等。"糖饯"和"蜜饯"的种类更是横跨果蔬、花朵界，吃半年都不重样。

可能因为小宋诩偏爱吃甜，宋妈妈对于甜食的制作格外上心，各样甜食在她手中可以幻化出不同的模样：裹糖、风消糖、酥卷糖、藕丝糖、七香球、芝麻球、欢喜团、麻片……每一样都能令人眼前一亮。甚至像"酥皮角儿"这种本是包裹荤素咸馅的小点心，她也能研发出甜口的"蜜透角儿"，内用各种干果混合豆沙、糖蜜为馅，油煎之后再趁热以蜜染透，吃起来满足感飙升。

在宋妈妈临时有事外出的几天里，小宋诩就天天拉着我去街市吃，松子饼、油虚茧、豆裹糍、芟（shān）什麻、薄荷切、一窝丝、荞麦花、荆芥糖、玛瑙团、十香荻苓糕，等等，让我完全迷失在各种各样的点心甜食中不能自拔。而且，我还在吃吃喝喝的过程中发现了一个小秘密，明朝喝的"熟水、渴水、浆饮"虽然跟以前相比没有太大变化，但"汤品"真是多到让人眼花缭乱。

4. 稳坐饮料界头把交椅的汤品：走过宋元，荣宠更盛

以传统食材做的温枣汤（枣是一种十分古老的水果，作为原材料在古代汤饮中的使用频率仅次于梅子，早在唐代就有以药膳形式出现的枣汤）、木瓜汤、橄榄汤、橙汤、橘汤仍旧名列前茅，新诞生的茴香汤、胡椒汤、檀香汤、铁刷汤、不换金汤也凭借与众不同的口感受人青睐。但最受欢迎的仍非"梅子"莫属：未熟的青梅可以做青脆梅汤、梅丝汤，熏制的乌梅可以做荔枝汤、造化汤、和合汤、瑞香汤、醍醐汤，成熟的黄梅可以做熟梅汤、熏梅汤、东坡梅汤……

宋朝时用花做的茉莉汤、木樨汤、桂花汤、天香汤等在明朝依然流行，其中的佼佼者当属"一枝花"：选四时之中有香无毒之花带露剪下，去掉叶子和小枝，点汤时取一枝入盏内，以汤轻轻倾下，花枝俨然如生，与林洪大哥的"汤绽梅"颇有几分相似。这种在汤品上精益求精的精神占领了明朝人的一年四季：春月宜饮水芝汤、不老汤，沸汤点服；夏月、早秋宜饮香薷汤、米汤、麦汤、梅酥汤、绿豆汤、春元汤、凤髓汤、无尘汤，可冷饮，可烹点；秋月宜用香橼汤、甘菊汤，冬月宜用椒枣汤、杏姜汤，均以沸汤调饮。

上林佳果玉壶冰水

明朝人在饮品上也讲究"夏凉冬暖"，图中卖货郎正在给一位女性倒饮品，从挂起的招牌以及人物的穿着打扮看，很有可能是适合夏季饮用的"上林佳果玉壶冰水"
明佚名《夏景货郎图》局部

当然，保健养生还是汤饮的主打。缩砂汤、豆蔻汤、参麦汤、五味子汤一目了然，从名字就能窥见原料；调胃汤、补气汤、清中汤、快肠汤、醒脾汤，名称直白得如"调理说明书"；而沃雪汤、集香汤、紫云汤、樱珠汤、清韵汤、仙术汤、御爱灵泰汤这些自带仙气的名字，属于"养生、好听我都要"。

其中最为传奇的还属东坡先生当年发明的"须问汤",不仅驻颜有效,制法还被写成朗朗上口的歌诀,十分好记:"二钱生姜(干用)一斤枣(干用,去核)。二两白盐(炒黄)一两草(炙,去皮)。丁香木香各半钱,酌量陈皮一处捣(去白)。煎也好,点也好,红白容颜直到老"(明高濂《遵生八笺》)。难怪人家能从宋朝"红"到现在,至今仍被明朝各大养生专家称赞推荐。

听到此处,野菜表示十分不服:"想我历经千年,可比这小小的汤饮更有历史沉淀,随便一翻《诗经》都是我的倩影,大文豪苏东坡更是写下'雪沫乳花浮午盏,蓼茸蒿笋试春盘,人间有味是清欢'(《浣溪沙·细雨斜风作晓寒》)的至美称赞,可我为何没'红'起来呢?听说现在流行营销,要不我也去找找帮手来波助推?"

5. 历经千年的野菜重回大众视野:荒年能果腹,丰年可养生

正所谓万事开头难,野菜第一时间想到白手起家的明朝创始人朱元璋,他曾亲身经历过苦日子,无须多言就立下了御膳里必须要有野菜的规矩,以"示子孙知外间辛苦"。这宣传的第一枪算是顺利打响,野菜借助皇室台面拔高了自己的地位,但范围有点小,得再扩大影响力。

于是野菜选中了朱元璋的第五子朱橚(sù),此人好学、善辞赋,被流放云南期间对民间疾苦了解增多,为了改善当时的医疗状况,还专门组织李恒等人编撰了方便实用的《袖珍方》一书。明初战乱刚停,百姓才步入休养生息的阶段,填饱肚子仍是第一要务,朱橚和野菜一拍即合,《救荒本草》就此诞生。书中不仅收集了数百种可食用的野菜资料,还附有详细的描述及插图,便于饥荒年间老百姓用以对照自救。

打铁要趁热,宣传力度还得增强。此时,散曲家王磐进入了野菜的视线,他被当时的人评价"纵情于山水诗画之间",说明有诗赋文采,"虽不愿受约束,但亦同情人民疾苦"说明胸中有大爱。他写的《野菜谱》,挑选常见的、他亲自吃过的几十种野菜,保持"注解、插图一应俱全"的水准,特色是配有诗文,文学价值也很高。

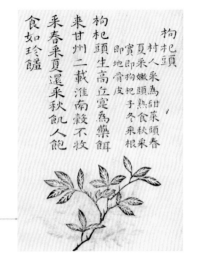

枸杞头是枸杞的嫩叶,春夏可采食。书中对每种野菜都绘制了具体的形象,十分实用
明王磐《野菜谱》局部

接着，野菜又找到周履靖编撰了《茹草编》，收录在他自己编辑的丛书《夷门广牍》中。后来还联系到归隐民间的鲍山，在前几本书的基础上系统编写了大而全的《野菜博录》。不过这些书介绍了这么多，基本宗旨都离不开帮人度过饥荒，要是人们不缺吃少穿呢？正在野菜发愁之际，"跨界达人"高濂站出来表示自己愿意帮忙。

这位高大人不仅是一位著名的戏曲作家，还是一位资深的养生学家，能诗文、通医理。据说他小时候体弱多病且患有眼疾，为此投入了诸多精力去研究养生之道，颇有心得。在其潜心编写的养生专著《遵生八笺》中，除了传统的药膳，还详细记录了诸如木香煎、硼砂丸、香橙饼子、甘草膏子、升炼玉露霜等几十种风靡民间的"食药"，并将藕粉、菱粉、芋粉、蕨粉、荸荠粉、鸡头粉、栗子粉、茯苓粉、莲子粉等诸多果实粉面一并纳入了食疗的范畴，涵盖范围十分广泛。

明朝街市售卖药材的店铺，方便人们购买制作"食药"
明仇英《清明上河图》局部

秉持"药食同源"的理论，这位高大人认为野菜不光能果腹，还兼具清雅养生的功效，若是在时令季节选择合适的烹饪方式，亦是蔬食佳品，于是大笔一挥安排了《野蔌类》篇章进去。这下野菜的满意度直接冲到百分之九十九：荒年能果腹，丰年可养生，翻身指日可待！至于剩下的百分之一嘛，就是终归难登宴席台面，可是任谁也拦不住明朝中期以后愈刮愈盛的奢靡之风啊！

6. 奢靡之风把"看菜"吹成"看席"

仅拿乡试"上马宴"举例，流行于唐宋的"看菜"，到这个时候已经豪奢地变为"看席"，并且还有不同规格：

"上席"的看席分为"大看席"和"小看席"。"大看席"用饼锭八个，斗糖八个，糖果山五座，五老糖五座，糖饼五盘，荔枝一盘，圆眼一盘，胶枣一盘，核桃一盘，栗子一盘，猪肉一肘，羊肉一肘，牛肉一方，汤鹅（鹅在明朝宴席中的地位十分尊贵，无论朝廷还是民间皆"以鹅为重"，一般只有上席或上中席的"大看席"才会摆上鹅。）一只，白鲞二尾，大馒头四个，活羊一只，高顶花一座，大双插花两枝，肘件花十枝，果罩花二十枝，定胜插花十枝，绒戴花两枝，豆酒一尊。

"小看席"用饼锭十二个，二头明糖八个，荔枝一盘，圆眼一盘，栗子一盘，核桃一盘，胶枣一盘，猪肉一方，牛肉一方，羊肉一方，汤鸡二只，白鲞二尾。

"上中席"依然设有大、小看席。"大看席"用饼锭八个，二头明糖八个，糖果山五座，五老糖五座，糖饼五盘，荔枝一盘，圆眼一盘，胶枣一盘，栗子一盘，核桃一盘，猪肉一方，羊肉一方，牛肉一方，汤鹅一只，腌鱼一尾，馒头四个，羊背一块，薏酒一尊。

"小看席"用饼锭十二个，四头明糖八个，胶枣一碟，红枣一碟，栗子一碟，核桃一碟，猪肉一方，羊肉一方，牛肉一方，腌鱼一尾，汤鸡一只，高顶花一座，定胜插花五枝，馒头插花一枝，果罩花二十枝，肘件花十枝，羊背花一枝，绒带花两枝。

而"下中席"的看席就只有一种规格：用饼锭八个，二头明糖八个，糖果山五座，五老糖五座，糖锭饼五盘，荔枝一盘，圆眼一盘，胶枣一盘，栗子一盘，核桃一盘，猪肉一方，羊肉一方，牛肉一方，汤鸡一只，腌鱼一尾，羊背一块，馒头四个，薏酒一尊，定胜插花两枝，果罩花十五枝，高顶花一座，肘件花五枝，绒戴花两枝。

"下席"的看席也只有一种规格：用饼锭八个，四头明糖八个，糖锭饼五碟，糖果山五座，栗子一碟，胶枣一碟，核桃二碟，红枣一碟，猪肉一方，羊肉一方，牛肉一方，腌鱼一尾，汤鸡一只，馒头两个，料酒一尊，顶花一座，定胜花两枝，果罩花十五枝，肘件花五枝，绒戴花两枝。

这些仅仅只是拿来"看"的一桌席，就已让人目不暇接，正席的规格就可想而知了，恐怕用晚明博物学家谢肇淛在《五杂俎》中所说的"穷山之珍，竭水之错"来形容也不为过。书中还提到，有官员宴请，仅主客三席，竟然用了"十八只鹅、七十二只鸡、一百五十斤猪肉"。即使民间寻常宴会，亦动辄十肴，且水陆毕陈，甚至四处寻觅远方珍品来相互比拼，难怪谢肇淛感慨："一筵之费，竭中家之产，不能办也。"

明朝集市上售卖名糕细点的商铺。糕饼点心及各样糖果甜食是明朝不同规格看席必备的选品之一，区别只在于种类和数量不同
明佚名《南都繁会图》局部

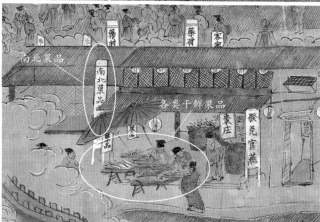

明朝时专门售卖南北果品的铺子。发达的贸易使得商品的流通更为便捷，各种干鲜果品也成了看席的标配
明佚名《南都繁会图》局部

正在欣赏歌舞表演的明朝富绅。明朝中后期，奢侈之风渐盛，无论官府还是民间，请客都十分讲究排场，宴席上除了各类美味佳肴，亦不乏歌舞表演
明仇英《清明上河图》局部

　　不过对于这些无脑斗奢的行为，文学家张岱是十分看不上的，毕竟这位自诩"清馋"的吃货实打实是含着金汤匙出身的，人生前半场都过着衣食无忧、风流浪漫的精致士大夫生活，跟这种"低级趣味"毫不沾边。

7. 文人士大夫的精致饮食追求

初识张岱时，他正在家养牛，不是为了耕地，而是为了做乳酪。为什么一个富有的士大夫不去买现成的？因为他认为"乳酪自驵侩(zǎng kuài，交易经纪人)为之，气味已失，再无佳理"（《陶庵梦忆·乳酪》），意思是外面商人卖的乳酪失去了其纯粹的本味。有没有纯粹的本味我确实吃不出来，不过张岱对自家所产牛乳做的美食可是评价颇高、自信满满："或用鹤觞花露入甑蒸之，以热妙；或用豆粉掺和，漉之成腐，以冷妙；或煎酥，或作皮，或缚饼，或酒凝，或盐腌，或醋捉，无不佳妙。"

恰逢十月，河蟹与稻粱俱肥，张岱举办"蟹会"，邀请我们这些同辈的亲朋好友参加。每人六只蟹，现煮现食，佐以美味的肥腊鸭、牛乳酪、醉蚶、鸭汁煮白菜，辅以菜蔬兵坑笋，配以果品谢橘、风栗、风菱，饮以玉壶冰，饭以新余杭白，漱以兰雪茶。看起来好像平平无奇，却处处都是讲究，非时令即特产，品质上乘、搭配得宜。

要说在"啖方物"（方物即各个地方的特产）这一领域，张岱称第二，就没人敢称第一。北京的苹婆果、黄𪉖、马牙松，山东的羊肚菜、秋白梨、文官果、甜子，福建的福橘、福橘饼、牛皮糖、红腐乳，江西的青根、丰城脯，苏州的带骨鲍螺、山楂丁、山楂糕、松子糖、白圆、橄榄脯，嘉兴的马交鱼脯、陶庄黄雀，南京的套樱桃、桃门枣、地栗团、莴笋团、山楂糖，杭州的西瓜、鸡豆子、花下藕、韭芽、玄笋、塘栖蜜橘，萧山的杨梅、莼菜、鸠鸟、青鲫、方柿，诸暨的香狸、樱桃、虎栗，嵊州的蕨粉、细榧、龙游糖，台州的瓦楞蚶、江瑶柱，山阴的破塘笋、谢橘、独山菱、河蟹、三江屯蛏、白蛤、江鱼、鲥鱼、里河鯔(zī)，以及山西的天花菜、临海的枕头瓜、浦江的火肉、东阳的南枣……"远则岁致之，近则月致之、日致之"（《陶庵梦忆》），不管这特色美味产自哪里，只要上了张岱的"吃货名单"，虽远必达。

图中货架招牌上有福蜜、建糖的字样，皆为特产，福建所产砂糖在当时非常有名
明佚名《夏景货郎图》局部

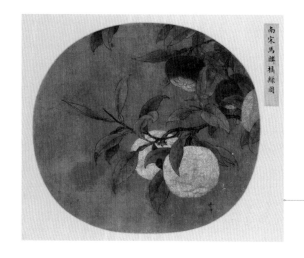

橘是古人最爱的水果之一，早在宋朝的《橘录》中就记载了不同地方所产的知名柑橘种类
宋马麟《橘绿图》

除却饮食方面，张岱还凭一己之力"洗牌"了当时的茶叶市场，我们在前面蟹会里喝的"兰雪茶"就是他创制的。制茶方法跟"松萝"一样，招募歙（shè，安徽县名）人入"日铸"（日铸岭，今绍兴市附近），同是采用抖法、掐法、挪法、撒法、扇法、炒法、焙法、藏法，但冲泡有独门秘诀：先斟酌加入适量茉莉，在敞口瓷瓯里放置一会儿，待其冷后，立即以滚汤冲泻。这样泡出来的茶"色如竹箨（tuò，竹笋外层的壳）方解，绿粉初匀；又如山窗初曙，透纸黎光"，再取素瓷"清妃白"，茶倾入其中的一刻如百茎素兰入雪涛并泻一般，故此命名"兰雪"。

兰雪茶一经推出，只用了四五年便抢占了大部分市场，一时间"越之好事者不食松萝，止食兰雪"，逼得当时茶叶界的老大松萝为了生存不得不改名冒充。此外，张岱又将自家所产牛乳与兰雪茶一起煮食，逢人便夸"玉液珠胶，雪腴霜腻，吹气胜兰，沁入肺腑，自是天供"。

这天，我有幸被邀请到现场，与一众好友一起品尝这醇香浓郁的手作"奶茶"，果然非同一般。回想之前听到的关于宫廷饮食的种种，跟文人士大夫的精致比起来，宫中的三餐四季反而略显平庸，但内里依旧充满人间烟火气。

烹茶品茗仍为明朝文人热衷的雅事之一
明孙克弘《销闲清课图》局部

二、宫廷美食的惊鸿一瞥

1."仪式感"光环加持下的宫廷时令节庆美食

　　正所谓"一年之计在于春"，立春在古代不仅是一个节气，还是古人十分重视的节日，代表新一年的开始。到了立春这天，宫中无论贵贱皆嚼萝卜，曰"咬春"，取意宋时传下来的"咬得菜根，百事可做"。宫人们互相请宴，吃春饼和春菜，还以绵塞耳，意取其聪。

　　到了二月初二这天，各家用黍面枣糕以油煎之，或者将面和稀摊为煎饼，名曰"熏虫"。他们在这月还会煮过夏之酒，此时吃鲊，均称"桃花鲊"。

　　三月气温回暖，初四日，宫眷、内臣就开始换穿罗衣，此时的清明节在宫中又多了一个名号："秋千节"，坤宁宫及各宫都会安秋千一架。二十八日，去东岳庙进香，吃"烧笋鹅"和"凉饼"。凉饼就是糍粑，是用蒸熟的糯米和糖碎芝麻做的。

三月荡秋千的明朝女子们
明吴彬《月令图》之《秋千图》局部

女子们荡秋千的场景

四月天气渐热，初四日，宫眷、内臣皆换穿纱衣。初八日，进"不落夹"，即用苇叶包的糯米，长三四寸、阔一寸，味道和粽子差不多。二十八日，去药王庙进香，有白酒、冰水酪，还有用新麦做的稔转。因为有"冬不白煮，夏不爀"的讲究，"白煮猪肉"是必吃的，笋鸡、以莴苣大叶裹食的拌饭"包儿饭"、新上市的樱桃也都是这个月宫中最流行的食物。

五月初五，佩艾叶，饮朱砂、雄黄、菖蒲酒，吃粽子、加蒜过水面，赏石榴花。到了夏至和伏日，大家都会戴草麻子叶，吃"长命菜"（即马齿苋），"过水面"依然还是这一时节最受欢迎的食物之一。

七月，以吃鲥鱼为盛，宫眷们在七月初七的"七夕节"这天会穿鹊桥补子，宫中还要设乞巧山子。十五日"中元节"，放河灯，甜食房进"波罗蜜"供佛，并在西苑做法事。

八月自初一日起，就有卖月饼（月饼在明朝正式成为中秋的节庆食物之一）的，宫外士庶之家也会做来互相赠送，市肆"以果为馅，巧名异状，有一饼值数百钱者"（明沈榜《宛署杂记》）。到了八月十五这天，要供月饼、瓜果，并设宴席，待月上焚香之后，即大肆饮啖直至深夜。此月蟹始肥，宫眷、内臣吃蟹的场面堪称盛会："活洗净，蒸熟，五六成群，攒坐共食，嬉嬉笑笑。自揭脐盖，细将指甲挑剔，蘸醋蒜以佐酒。或剔蟹胸骨，八路完整如蝴蝶式者，以示巧焉。食毕，饮苏叶汤，用苏叶等件洗手。"（明刘若愚《酌中志》）

设在庭院中的供桌

图中可见明朝人于中秋之夜在庭院设供桌的场景
明吴彬《月令图》之《玩月图》局部

九月，自初一日起就开始吃"花糕"。以重阳节为重，连皇帝都要去万岁山或者兔儿山登高，吃"迎霜麻辣兔"，饮菊花酒（重阳节饮菊花酒的习俗从汉朝一直延续至今）。糊房窗、抖晒皮衣、制衣御寒、制诸菜蔬是这个月宫人们的工作重点。

登高的人

明朝人于九月重阳登高的场景
明吴彬《月令图》之《登高图》局部

仕女正在用菊花酿酒
明陈洪绶《蕉林酌酒图》局部

十月天气渐寒，初四日，宫眷、内臣换穿纻丝，羊肉、炮炒羊肚、乳饼、奶皮、奶窝、酥糕、鲍螺，以及虎眼等各样细糖是这个季节备受宠爱的食物。夜晚渐长，内臣们烧上地炕，吃完饭后无所事事，又不想早早睡觉，便轮办聚会，或三五成群进行掷骰、下棋、看纸牌、打双陆等娱乐活动，至三四更始散。

到了十一月，天气更加寒冷，宫人们以生炒肉、浑酒御寒，每日清晨必来一碗"辣汤"。糟腌猪蹄尾、鹅脆掌、羊肉包、扁食、馄饨是此月流行食物，以取阳生之义。冬笋上市，虽价格奇高，但仍有人重金购买。宫眷、内臣于冬至节这天皆穿阳生补子蟒衣，司礼监刷印"九九消寒"诗图分发。

十二月初一起，家家买猪腌肉、灌肠、油渣卤煮猪头、烩羊头、炸铁脚小雀加鸡子、清蒸牛白、酒糟蚶、糟蟹、炸银鱼、醋溜鲜鲫鱼等美食也纷纷登场。在初八日的前几天，人们会提前将红枣捶破泡汤，然后在初八早上加粳米、白米、核桃仁、菱米熬煮成"腊八粥"，供于佛圣前、户牖园树、井灶之上，且举家皆吃，亦互相馈送。二十四日"祭灶"，大家蒸点心、办年，竞买时兴绸缎制衣，以示侈美豪富。从这一日开始直至次年正月十七，乾清宫丹墀内每日昼间都会放花炮，除非遇到大风天，才会暂止半日、一日。

明朝人于岁末寒冬生火取暖并温酒御寒的场景
明李士达《岁朝村庆图》局部

明朝人过年的场景，院中有小孩在放纸炮
明唐寅《岁朝图》局部

三十日岁暮，门旁皆植桃符板、将军炭，还要贴上门神；室内悬挂福神、鬼判、钟馗等画，床上悬挂金银八宝、西番经轮，或编结黄钱如龙；檐楹插芝麻秸，院中焚柏枝柴。大家互相拜祝，大饮大嚼，鼓乐喧阗，是为"辞旧岁"。

第二日正月初一，五更就要起床，焚香，放纸炮，然后饮椒柏酒，吃"水点心"（即饺子，当时也称"扁食"）。不过这天的扁食跟平时略有不同，会包一两枚银钱在内，用以占卜一年之吉。这一天还有自己的专属名字"正旦节"，宫人们会将柿饼、荔枝、圆眼、栗子、熟枣装在一个大盒子里，取名"百事大吉盒儿"，用以招待前来贺新年的客人，亦以小盒盛驴头肉，名"嚼鬼"。

自正月初九日后，就有灯市可以买灯。人们开始吃"元宵"，江南一带也称其为"汤圆"，用糯米细面包核桃仁、白糖为果馅，洒水滚成，如核桃般大小。

而到了正月十五"元宵节"这天，美食更甚。烧鸡、烧鸭、冷片羊尾、爆炒羊肚、大小套肠、带油腰子、黄颡（sǎng）管儿、脆团子、卤煮鹌鹑、鸡醢汤、米烂汤、八宝攒汤、猪肉包、枣泥卷、糊油蒸饼……不可胜数。茶饮偏爱六安松萝、绍兴芥茶、径山虎邱茶，塞外黄羊与江南水果是这个时节所尚珍味，但宫中并不稀缺。

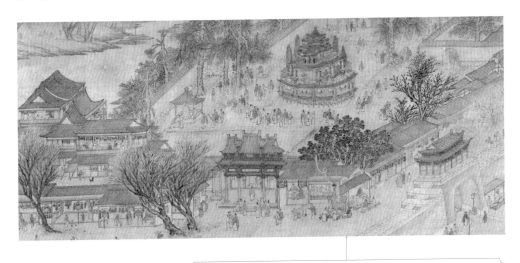

正月十五元宵节又称上元节、灯节，图中处处可见挂着的花灯
明吴彬《月令图》之《元夜图》局部

灯市至十六日更盛，内臣、宫眷皆穿灯景补子蟒衣，登楼赏灯。若是遇到大雪天，就在暖室赏梅，喝浑酒，饮牛乳，吃炙羊肉和羊肉包。

明熹宗朱由校最喜炙蛤蜊、炒鲜虾、田鸡腿及笋鸡脯，还喜欢将海参、鳆鱼、鲨鱼筋、肥鸡、猪蹄筋共烩食用。爱鲜莲子汤，又好拿鲜西瓜籽微加盐以焙……至于其他皇帝都爱吃什么，且听下回分解。

2. 皇家御膳：从"奢侈的简朴"到"简朴的奢侈"

先看一份明太祖朱元璋的早膳单：羊肉炒、煎烂拖虀鹅、猪肉炒黄菜、素熇插清汁、蒸猪蹄肚、两熟煎鲜鱼、炉烤肉、算子面、搌鸡软脱汤、香米饭、豆汤、泡茶，共计十二道。

再看当天的午膳：胡椒醋鲜虾、烧鹅、焚羊头蹄、鹅肉巴子、咸豉芥末羊肚盘、蒜醋白血汤、五味蒸鸡、元汁羊骨头、糊辣醋腰子、蒸鲜鱼、五味蒸面筋、羊肉水晶饺儿、丝鹅粉汤、三鲜汤、绿豆棋子面、椒末羊肉、香米饭、蒜酪、豆汤、泡茶，共计二十道。

烧鹅
明朝以鹅为尊，朱元璋为了制约御史，还曾立下"御史不许食鹅"的规定

朱元璋是"马上天子"，经历过战争和生活的苦难，知道民间疾苦，所以对饮食比较节制。加之明初宫廷御膳制度尚未完善，吃得虽然丰盛，但还不至于奢华。听到此处，有的小伙伴就看不懂了："什么？大早上的又是米饭又是肉，又是面条又是汤，一顿午饭将近二十道菜，羊、鸡、鹅、鱼、虾样样都不差，这还不算奢侈？"

不如我们再看看明末崇祯皇帝的早膳。先由宫人端上茶汤（历经唐宋的发展，无论宫廷还是民间，茶在明朝已然成为人们日常生活的必需品，饮茶方式也发生了变革，繁复的点茶法被自然简洁的瀹茶法替代）及各种饼饵，用毕，再去中殿吃早膳。内府作乐，皇帝南向坐，面前放一案，旁置数案，宫人以次进餐。

乐舞表演

豪华的皇宫内，一位贵妇正在欣赏乐舞表演
明仇英《清明上河图》局部

米食有蒸香稻、蒸糯、蒸稷粟、稻粥、薏仁粥、西梁米粥、凉谷米粥、黍秫豆粥、松子菱芡实粥等，一一陈列，皇帝从中选，不用的端到一旁的桌上去。

面食有用玫瑰、木樨、果馅、洗沙、油糖、诸肉、诸菜做的蒸点，还包含发面、烫面、澄面、油搭面、撒面等，与米食同列同撤。

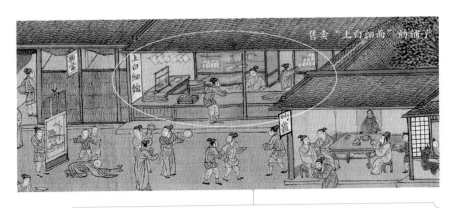

明朝街市上售卖"上白细面"的铺子，这种细面可用来制作各种精细面点
明仇英《清明上河图》局部

膳馐从牛、羊、驴、豚、狍、鹿、雉、兔到水产、山蔬、野薇，无一不具。这还是崇祯减免之后的排场：其他遐方之物，除鲥鱼、冬笋、橙桔，可远致不劳民力者，岁时贡之上方，余则概不下所司征取，亦不令中外进献。

此外，还要应祖宗规制准备民间时令小菜，如苦菜根、苦菜叶、蒲公英、芦根、蒲苗、枣芽、苏叶、葵瓣、龙须菜、蒜薹、饱瓠、苦瓜、蕹芹、野蕹等；还有民间小食，如稷黍枣豆糕、仓粟小米糕、稗子、高粱、艾汁、杂豆、干糗饵、苜蓿、榆钱、杏仁、蒸炒面、麦粥等，并各以时进。

更夸张的是，崇祯皇帝为了表示节俭，放言每月要吃十天斋，但是又嫌纯素菜没味道，尚膳监于是想到一个奇招："将生鹅褪毛，从后穴去肠秽，纳蔬菜于中，煮一沸取出，酒洗净，另用麻油烹煮"（佚名《烬宫遗录》），这下吃着终于香了！

不过这种操作跟"鸟脑酿豆腐"相比还是"小巫见大巫"。原本朱元璋规定："每早晚进膳，必列豆腐，示不敢奢也"（清吴骞《拜经楼诗话》），本意是为了让子孙后代戒奢靡，体恤民间疾苦，结果不知到了哪一代，摆上御膳的"豆腐"就变成用百余只鸟的脑髓做的了。朱元璋早年间吃的膳食在这些"简朴的奢侈"面前，那确实是差得远了！咱也算零零碎碎地见识过了皇家御膳，至于正式宫宴上吃的，虽然没有打听出非常具体的菜式，但规格倒是探听到不少，尤其是明成祖朱棣时期的，下面就挑选一二带大家一起围观下。

3. 正式宫宴吃什么

先看永乐（"永乐"是明成祖朱棣的年号）二年（1404）的郊祀庆成筵宴（朱
棣喜欢面食，除了正式的宫宴，平时的御膳里也经常有"沙馅小馒头"之类的面食）：

上桌：按酒（下酒菜）五般、果子五般、茶食（茶食在明朝十分盛行，大到宫
廷宴会，小到民间宴席，均少不了茶食的身影）五般、烧炸五般、汤三品、双下馒头、
马肉饭、酒五钟。

中桌：按酒四般、果子四般、汤三品、双下馒头、马猪羊肉饭、酒五钟。

随驾将军：按酒一般、粉汤、双下馒头、猪肉饭、酒一钟。

金枪甲士、象奴校尉：双下馒头。

教坊司乐人：按酒一般、粉汤、双下馒头、酒一钟。

明朝售卖"细巧茶食"的
店铺
明仇英《清明上河图》局部

图中多处出现包子，明朝
的馒头和包子都是带馅的，
馅料有荤有素、有甜有咸
明佚名《耕渔图》局部

再看永乐十三年（1415）皇帝过生日的圣节筵宴：

上桌：按酒五般、果子五般、茶食、烧炸、凤鸡、双棒子骨、大银锭、大油饼、汤三品、双下馒头、马肉饭、酒五钟。

上中桌：按酒四般、果子四般、烧炸、银锭、油饼、双棒子骨、汤三品、双下馒头、马肉饭、酒三钟。

中桌：按酒四般、果子四般、烧炸、茶食、汤三品、双下馒头、羊肉饭、酒三钟。

僧官等用素桌：按酒五般、果子、茶食、烧炸、汤三品、双下馒头、蜂糖糕、饭。

将军：按酒一般、寿面、双下馒头、马肉饭、酒一钟。

金枪甲士、象奴校尉：双下馒头、酒一钟。

教坊司乐人：按酒一般、粉汤、双下馒头、酒一钟。

明朝街市的一家酒楼，招牌上写着"应时美酒"以吸引顾客，店内还有不少饮酒吃饭的人。明朝是中国历史上偏爱饮酒的朝代，大小宴席更是无酒不欢

明仇英《清明上河图》局部

两种宫宴风格基本一致，菜品按等级次第变化，管饱是没问题，至于味道，据说"大率熏、炙、炉、烧、烹、炒，浓厚过多"（清宋起凤《稗说》）。这些若是放到张岱面前，恐怕他瞅都不会多瞅一眼。

　　然而兜兜转转到了崇祯末年，再见张岱时，他却正为温饱奔波，早已没有了当年洒脱倜傥的逍遥风姿（明亡后，张岱家道中落，生活潦倒困苦，后选择隐居避祸，潜心著书）。此时的明王朝已然走到末路，全国各地起义不断，个人的命运在天下大势面前显得那么卑微和渺小。一个朝代即将落幕，但饮食将在之后的清朝抵达新的巅峰。

明代文人的隐居生活
明唐寅《溪山渔隐图》局部

第八章

清朝

西餐开始流行，有『满席』『汉席』，但没有『满汉全席』。宫廷饮食重养生、讲排场。

地方菜系羽翼渐丰，小吃点心令人眼花缭乱。

猪肉『霸榜』餐桌，受全民热捧，辣椒几经波折终于入驻食谱。

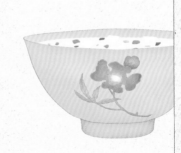

一、阅尽千帆，民间美食王者归来

1. 粥：独辟蹊径，在养生界到达事业巅峰

首先到达人生巅峰的竟然是早已存在了数千年的"粥"。作为最古老的主食之一，粥在饮食界虽不能独占鳌头，但在养生界却是百搭小天才，谷物、豆类、菜蔬、肉类、果品、药材以及乳、酥、酪、饧、蜜、糖……不仅万物皆可"粥"，还样样都能列出养生保健的功效来。

最日常的"粳米粥"可和五脏、开胃气，而"糯米粥"则温肺、暖脾胃，就算是"陈米粥"，亦能宽中、除烦、消积。"麦粥"健人，"玉米粥"开胃宽肠，"绿豆粥"消肿止渴，"菘菜粥"下气消食，"山药粥"补心养脾，"石耳粥"明目益精，"杏仁粥"润肺止咳，"樱桃粥"调血悦颜，"何首乌粥"驻颜益肾，"黄鸡粥"益肝健脾，"酥粥""酪粥"滋肺补虚……

清朝街市开设的米行，专卖不同种类的米
清徐扬《姑苏繁华图》局部

例子还没举完，就被清朝养生学家曹庭栋无情打断："不同的粥固然各有功效，但仍不可一概而论，当有上品、中品、下品之分。"说罢，递上他新编的《养生随笔》，里面的《粥谱篇》详细记载了以"莲实粥"为首的三十六种上品养生粥，以"山药粥"为首的二十七种中品养生粥，以及以"酸枣仁粥"为首的三十七种下品养生粥。其

中上品粥皆清香适口，中品则稍逊，而下品多为重浊者。都说"文人相轻"，怎么"粥也分品"啊？没来得及说出心中的疑惑，接下来的煮粥之法又着实给我上了一课。

通常的煮粥就是淘米、入锅、加水、煮熟，养生界的煮粥却有诸多讲究。择米第一，宜精，宜洁，宜多淘；择水第二，宜洁，宜活，宜甘，以泉水为上，河水次之，井水又次之，水要一次加够，切忌中途添水，否则气味不佳；火候第三，以桑柴为妙，宜先文后武，水烧开后再下米，这样煮出来的粥才能柔腻如一；食候第四，宜空心食，宜午食，勿食过饱，碗和匙要用瓷器，筷子宜用竹，小菜宜菹或腌醢之物，若是鲜蔬则宜脆……身处巅峰的"王者"地位果真不一样，一切都讲究得头头是道。

"养生最多算锦上添花，'好吃易得'才是受欢迎的'密钥'！"大名鼎鼎的猪站出来发言了，被"泼天富贵"砸中的它在清朝可算是掌握了话语权。

清朝街边售卖"小菜"的店铺，小菜常用来佐餐，尤其是配粥
清徐扬《姑苏繁华图》局部

2. 猪肉：这"领头羊"的地位终于轮到我了

"净洗铛，少着水，柴头罨烟焰不起。待他自熟莫催他，火候足时他自美。黄州好猪肉，价贱如泥土。贵者不肯吃，贫者不解煮，早晨起来打两碗，饱得自家君莫管。"苏东坡这首《猪肉颂》早已成为了过去式，猪肉此时一跃成为清朝的主要食用肉类，在各阶层都很受欢迎，需求量大、利用率高。

首先，能做出最多美味的自然是猪肉，除了大名鼎鼎的"东坡肉"，还有北方人最擅长的"白片肉"、江西人最爱的"粉蒸肉"、江南名菜"荔枝肉"、杭州名菜"芙蓉肉"、镇江的"空心肉圆"、绍兴的"台鲞煨肉"以及"夹沙肉、红烧肉、酱切肉、缠花肉、芥末拌肉、南瓜瓤肉"等。而权臣年羹尧最爱的"小炒肉"，据说只取猪身上最精华的一块肉。

明清之际猪肉地位飞升，图中为饲养人赶猪的场景
清院本《清明上河图》局部

接下来是猪头，可蒸、煮、煨、炖、糟、醉、锅烧。杭州大东门有一位绰号叫"蔡猪头"的摊主，售卖的猪头制品尤为美味。

然后是猪蹄，有糖蹄、酱蹄、熏蹄、冻蹄、百果蹄、酒醋蹄等。"酱蹄"中最为有名的是上海的百年老店"丁义兴"所制的"丁蹄"，相传烹制时不用硝卤而用传承了百年之久的原汁，味至佳，还被载入郡志，名闻当世。

饲养在后院的猪

一位妇人在后院喂猪的场景
清徐扬《姑苏繁华图》局部

下面该内脏上场了。用砂糖洗去脏气后，可以做成爆肚、煨肺、肝卷、瓤肠、烧腰胰等菜肴。其他部位也都不能浪费，否则便吃不到盐水猪舌、烧猪心、猪脑腐、拌猪耳丝、炸肉皮、炒脊髓、脍猪管这些美味了。

差点忘记最受欢迎的"火腿"，在清朝的名号也是响当当的。这用猪腿做的大型肉脯以浙江金华所产为上，兰溪、东阳、义乌、辛丰次之，云南的"宣威火腿"也非常出名，比金华所产略肥。吃法或清蒸，或片切，或蜜炙，既可专食，又可作为一切肴馔的配菜，还可当馅料制作各样点心小食。其中被林苏门写诗赞赏的"火腿粽"最受江浙之人喜爱："一串穿成粽，名传角黍通。豚蒸和粳米，白腻透纤红。细箬青青裹，浓香粒粒融。兰江腌酺贵，知味易牙同。"（清林苏门《邗江三百吟》）

清朝江南一带专门售卖"金华火腿"的铺子
清徐扬《姑苏繁华图》局部

还有靠做"猪肉松"发家致富的苏姓老媪，俨然翻版的"宋五嫂"，其制法秘而不宣，只说非得用全猪不可。

猪赶紧骄傲地说："提起这个，最后再给你上道'大菜'——全猪宴，含金量可比粥高多了。"听到这里，粥就有点不开心了，正准备反唇相讥，突然发现躲在后面偷笑的豆腐，忍不住嚷了一句："你不就刚得到荤素两界的宠爱吗？有必要笑得这么开心吗？"

3. 豆腐终获"荤素两界"全部的宠爱

"有啊。"豆腐不紧不慢地答道。据传豆腐最早是西汉人炼丹时无意间发明出来的，此事还被后来的宋人写诗嘲讽："笑煞淮南炼丹术，炼丹不成豆腐真"（宋佚名《怀古》）。多年来在饮食界一直默默无闻，直到清朝才突然崛起，正式成为全民宠儿，一时风头无两，无论是家常便饭还是正规宴席，无论在宫廷还是民间，都极受欢迎，搭配荤素皆宜。

最喜欢跟豆腐做搭档的是虾和鱼（鱼和豆腐一起烹饪会非常鲜美，现在常吃的"鱼头豆腐"在清朝时就已盛行）：白鱼烩豆腐、鲫鱼白焖文师豆腐、鸡汤鳆鱼煨豆腐、虾仁豆腐、虾圆豆腐、炒虾米豆腐，种类繁多。或用猪油起锅，或加鸡汤先煨，最后的成品全是"鲜上加鲜"的美味。

身处荤物顶端的猪也顺势抛出"火腿"这根橄榄枝，跟豆腐组合出松仁豆腐、什锦豆腐、煨冻豆腐、八宝豆腐等佳肴。还有比较出彩的"太极豆腐"和"寿星豆腐"，均是用肉泥和豆腐泥做成，色香味俱佳，为筵宴常品。"扒大豆腐"做起来有点麻烦，需先将豆腐过油炸，然后挖空，填入肉丁、海参，再以豆腐块盖好，用脂油煎透，但味胜于常。"箱子豆腐、金银豆腐"与此有异曲同工之妙，只不过一个酿的是鸡肉，另一个是肉泥。其他荤物也被豆腐悉数收入麾下，比如牛肉豆腐、鸭掌豆腐、蛏汤豆腐、鲍鱼烩豆腐、蟹肉烧细丁豆腐等，可谓门庭若市。

什锦豆腐

清朝江南一家临河店铺打出的招牌除了小菜、豆干，还有什锦豆腐
清徐扬《乾隆南巡图》第六卷《驻跸姑苏图》局部

即使没有荤食的陪衬，豆腐照样能做出百般美味来。譬如这道"炒豆腐丁"，只用香蕈丁、蘑菇丁、笋丁、松子仁、瓜子仁、冬菜，也完全能呈现出不输"八宝豆腐"的口感；天津素饭馆的"罗汉豆腐"用料更为简单，只有松仁、瓜仁、蘑菇、豆豉四味素料，但经过大厨精心的烹制，出品颇佳；而以磨成未点之豆腐（即豆腐浆）连同切碎的笋丁或小芥菜做成的"雪花豆腐"，则别具田家风味；"酸辣豆腐丁"爽口开胃，乃下饭良品；炸过的豆腐加简单配料便可制成"虎皮豆腐、熊掌豆腐"；另有碎馏豆腐、麻裹豆腐、泡儿豆腐、玉琢羹，食素之人亦可大饱口福。

八宝豆腐

更何况在茹素之人眼中，豆腐乃上佳"清品"，若是以山泉沥成，则味甘而香洌，连油、盐、醯、酱都无须额外添加，完全担得起"色比土酥净，香逾石髓坚。味之有余美，五食勿与传"（元郑允端《赞豆腐》）的盛赞，是素食界"绩优股"一般的存在。此时的素食也进入了自己的"黄金时代"，从寺庙庵观到宫廷再到民间，无不大受欢迎。

4. 素食迎来黄金时代

伴随食材的多样化以及烹饪技艺的提高，寺庙庵观的素馔逐渐走进大众视野，像京师的法源寺、镇江的定慧寺、上海的白云观以及杭州的烟霞洞等，所制素馔在当时都颇有名气。其中尤以烟霞洞的席价高昂，最贵者需银币五十圆，极廉者亦需十六圆，吃过的人皆赞不绝口。受宗教因素影响，食素也逐渐成为某些居士信奉的修行准则之一。早在唐朝，有"诗佛"之称的王维自幼便开始吃斋礼佛，还曾挥笔写下"悲哉世上人，甘此膻腥食"（《赠李颀》）的感叹。

而清廷统治者自康熙始已经逐渐认识到饮食中荤素搭配的重要性，到了尤为重视养生的乾隆这里，一年到头的素食菜单几乎不断。他在南巡时，还特意去了常州的天宁寺进午膳，吃罢，对送来素肴的主僧赞曰："蔬食殊可口，胜鹿脯、熊掌万万矣"，且每年四月初八还会茹素一整天，早膳常进"素面、素杂烩、果子粥、水笋丝"等，晚膳常进"素包子、小米面窝窝头、王瓜拌豆腐"等，无论早晚膳，均有"银葵花盒小菜一品、银碟小菜四品"。

清朝街市卖"秘制小菜"的店铺，无论宫廷还是民间，小菜都是茹素者的常备菜
清徐扬《姑苏繁华图》局部

民间的食素之风则养生、信仰兼而有之。《素食说略》的作者薛宝辰本就信佛，他的素食理念突出宣扬了"生机贵养，杀戒宜除"的观点，所谓"物我同来本一真，幻形分处不分神。如何共嚼娘生肉，大地哀号惨煞人"（明陶望龄《无题》）。薛居士不仅推崇食用各类蔬菜、蔬实、菌菇、瓜果，还在书中给出了一系列烹调方法，认为只要用料合适、烹制得当，素食俱可做到清致腴美，甚至比荤食更为甘鲜可口。比如京师六味斋的"罗汉面筋"、元兴堂的"果羹"、河南的"炸油糕"，其他诸如甜酱炒鹿角菜、拔丝山药、咸落花生、烧冬笋、醉香蕈、山芋圆等类亦是。

若是嫌素餐久食淡而无味，少加酱油、味精即可使食物浓腴鲜香，或汤中加少量水豆豉亦能增鲜。其他还有"香能醒脾，润可养液"的麻茶酱、伴粥下饭胜肥脓（美味）数倍的辣椒酱，以及口感丰富的果仁酱等调味品，都能给素食带来诸多惊喜。同时，一些小技巧也会成为口味的加分项，例如蘑菇不宜入醋，素菜可用鲜汁煮透后再烧再烩，胡豆做汤时先浸软去皮会更为鲜美。

清朝街市边的一家"酱园"，无论荤素，酱料在烹饪中的使用都非常普遍
清徐扬《姑苏繁华图》局部

作为文人的李渔虽不排斥食肉，但在他的著作《闲情偶寄·饮馔部》中，肉食被放至最后一位，蔬食则为第一。"重蔬食，慎杀生，主清淡，尚真味，讲洁美，求食益"是他的基本观念。在食素上，他更看重"清雅"和"养生"，认为蔬食须具备清、洁、芳馥、松脆的特质才可以称之为美，气味浓烈的葱、蒜是坚决不吃的，最多只用葱作为烹饪时的调和之物。不嗜酒的李渔自认是茶客，喜好果饼茶食，却没在书中开章介绍，主要因为担心文字若太过简短，则不能表达其意，想留待日后单独做撰。本以为这只是文人谦逊，没想到随便看了一眼清朝的"点心小食"，我竟就此沉迷。

5. 不过是些点心小食，竟有如此魅力

经历一朝又一朝的发展，"点心"家族早已在全国各地开枝散叶、发展壮大，实力今非昔比。"老品"巩固基础，不断推陈出新；"新品"无惧未来，大胆发明创造。

在老一代中，"饼食"最为活跃，顶酥饼、裹馅饼、雪花饼、风清饼、金钱饼、蓑衣饼、洗沙饼、枣泥饼、葱油饼、黑芝麻饼、春色糖饼、饱丝煎饼、千层薄脆饼、酥白糖烧饼、大小鲜花饼、内府玫瑰火饼……就连简简单单的烙饼也有用鸡脯或虾米为末做的"荤烙饼"，和以各种果仁为末做的"素烙饼"。

清朝街边售卖糕饼点心的铺子，招牌上写有"太史饼""状元糕""玉霜露""桂花露""乳酪酥"
清徐扬《姑苏繁华图》局部

中秋的月饼除了用上白细面做的"水晶月饼"和不用脂油的"素月饼"，还有不走寻常路的"刘方伯月饼"。将山东飞面做酥作为皮子，中用松仁、核桃仁、瓜子仁为细末，微加冰糖，和脂油作馅，吃起来香酥柔腻却不觉甚甜。而明府家制作的"花边月饼"更胜一筹，"含之上口而化，甘而不腻，松而不滞"（清袁枚《随园食单》），奥妙全在于一流的揉面工夫，若是有幸能吃上一口，想必一定会赞同清代诗人袁景澜写下的"玉食皆入口，此饼乃独绝。"（《咏月饼》）

糕作为老牌明星人丁兴旺，即使有诸多竞争产品，地位依旧稳如泰山。沙糕、封糕、雪蒸糕、软香糕、脂油糕、茯苓糕、葡萄糕、枇杷糕、乌梅糕、薄荷糕、桂圆糕、松子糕、山药糕、藕荷糕、百果糕、玉兰糕、芙蓉糕、西洋糕、状元糕、芡实烘糕、冰糖琥珀糕……有的糕还带馅，比如"元宝糕"，不仅有甜素馅，还有咸荤馅。而曾经为馈岁之品的"年糕"，现在变成了家常小食，以猪油夹沙混合桂花、玫瑰花的甜年糕可直接蒸食，而无馅原味的可以跟火腿、笋、蔬菜等一起炒来吃，或以菜、肉煮汤，皆咸鲜宜口。

清朝街市专门卖"上桌馒头"和"状元香糕"的店铺
清徐扬《姑苏繁华图》局部

　　汤圆、团子摆脱了"桂花香馅裹胡桃"（清符曾《上元竹枝词》）的限制，什么馅都能包了。可用果仁、猪油、洋糖、洗沙（豆沙）、芝麻等做甜馅；也能用嫩肉、火腿、葱末、秋油等做咸馅；或在形状上创新，做成香瓜式的"粉花香瓜"，外以松花、米粉做团，内裹各种馅料，荤素皆宜；或以植物汁水和面做"青团"，色如碧玉，春日里吃起来格外喜人。由于信息还不发达，以火腿、猪肉馅为主的咸粽和以莲子、夹沙为料的甜粽一直在南北方各自安好，暂时没有开始一年一度的"咸甜之争"。

　　包子和馒头仍是老样子，但新来的烧麦却有点意思，长相俏皮可爱，内馅又丰富多彩：油糖烧麦、豆沙烧麦、芝麻烧麦、羊肉烧麦、火腿烧麦、鸡皮烧麦、火肉烧麦、蟹肉烧麦、海参烧麦、金钩烧麦、地菜烧麦、素芡烧麦、梅花烧麦、莲蓬烧麦、纸薄小烧麦……迅速占据了点心世界的一席之地。

正在包包子的妇人，包子在清朝也是人们最喜爱的点心之一
清姚文瀚《岁朝欢庆图》局部

"卷"也成了新兴的代表，种类繁多。油煎卷、黄雀卷、蟹酥卷、鲥鱼卷、荸荠卷、慈姑卷、牡丹卷、秋叶卷、莲花卷、马蹄卷、西洋卷、如意卷、福寿卷、冻三卷、油糖切卷、椒盐切卷、豆沙酥卷、野鸡面卷……还有湘衡之人在清明节喜欢吃的"水苊米卷"，从食材到馅料再到形状，花样不可谓不多。

不过论新颖，还是不得不佩服"酥"。蜜酥、奶酥、茶酥、果酥、桃酥、莲子酥、火腿酥、鸡蛋酥、鹅油酥、双麻酥、象牙酥、龙头酥、荷叶酥、红元酥、绿腰酥、南鲁酥、峨眉酥、粄花酥、黄海棠酥、油糖面酥、芝麻椒盐酥……酥油、脂油、糖蜜、奶蛋、果仁等不同食材的各种组合在"酥"上发挥到了极致。

锅贴、麦花、风枵（xiāo，糯米锅巴）、白云片、炸油果、石子炙、炒米花、珍珠馍馍、绉纱馄饨、豆糖粉饺、韭菜酥盒等一众小将也相继闪现各地，持续发光发热。和过去有所不同的是，菊花饼、玫瑰糖之属已与风雅无关，此时花果入馔，大多只为口腹。

清朝售卖各种点心、茶食的铺子
清徐扬《姑苏繁华图》局部

6. 花果入馔，无关风雅，口腹为先

以果子为肴馔在一开始取法于僧尼，由于食素的清规戒律，他们在食材的选择方面通常会尽量扩展延伸，其在素食领域丰富的烹饪经验又使得成品颇具风味，于是诸如枣肉圆、炒苹果、烧芡实、油煎白果、盐水熬落花生之类的果肴逐渐流行于民间。

栗子、胡桃、榛子、松仁、花生这些是果肴里的常客，搭配的佐料一般为酱、洋糖、脂油、麻油、芝麻等，烹饪的方式以炸为主，如荷包栗、酥杏仁、油炸胡桃仁、酱炸榛仁。其次为炒，最具代表性的是酱炒三果，将核桃、杏仁去皮，榛子不去皮，先用油炸脆，再下酱炒，出品鲜脆，荤素宴席皆常备。而栗炒银杏、盐水榛仁、鸡油炒松仁等做法虽然家常，却百吃不厌。

甜味较干果子更浓、少数偏酸的水果，其酸甜的口感反而能在烹制中带来更多惊喜，比如山楂，可蒸熟捣泥做"烩红果羹"或少加洋糖做"乳酥拌红果"。甜味较淡的荸荠、菱角，则可切丝搭配火腿、脂油、酱油、蒜丝等物同炒。而拖（一种挂糊的料理法）椒盐、面粉油煎的"炸樱桃"，就略带一点"黑暗料理"的气息。

应用最广泛的当属梨和苹果。一道"拌梨丝"就有红糖配姜卤和芥末搭盐卤两种选择；"苹果煨猪肉"得厚切片，"鲜熘苹果"一定要用炳羊果；"梨煨羊肉"可去膻增鲜，"梨煨老鸭"能清肺化痰；"梨炒鸡"和"平安果"则完全可以挑战"八宝羹"在杭州人心中的地位。还可将梨或苹果整个去皮挖空，再填入鸭丝、鸡绒、酱油、脂油等物，或用藕粉、豆粉、松仁、榄仁、洋糖、玫瑰糖等灌满，蒸熟食用，口感层次极为丰富。

虽然"上好细茶，忌用花香，反夺真味"（明王象晋《二如亭群芳谱》）的观点已成主流，但早年间"以花点茶"的风雅在当下仍存在，梅、兰、桂、菊、莲、茉莉、玫瑰、蔷薇、木樨俱可用。人们还会利用香花蒸制各种花露，用以调酒、代茶、入汤、增味、提香，苏州虎丘的"仰苏楼"和"静月轩"所售花露"开瓶香冽，驰名四远，为当世所艳称"（清顾禄《桐桥倚棹录》）。

此时，花朵本身的馨香重新成了关注焦点。牡丹入馔取其浓腴，夜来香则取其清美。不同花瓣的质地所带来的新奇口感也成了人们食花的原因之一，肉质稍厚的栀子花、玉兰花、芍药瓣、荷花瓣可用白糖和蜜入面，加少许椒盐煎食，或直接拖糖面油炸食用；而金雀花和迎春花这种花瓣比较薄嫩的，则需先用水焯过，后以酱醋或糖醋拌食。

经过特殊处理后的花瓣还可做点心馅，尤以玫瑰最受欢迎，藤花、桂花次之。用特制的玫瑰膏做的玫瑰卷酥、玫瑰粉饺、玫瑰糕吃起来极香美，但玫瑰露最好不要用来蒸米饭，这是来自文人李渔的倔强。他的独门秘诀是任择蔷薇、香橼、桂花三种花露中的一种，等饭刚熟时浇上，再稍微焖一下，最后拌匀食用。因为这三种花露与谷性相近，做出的米饭虽自带一股特殊的香味，却难以辨识究竟为何物，而玫瑰的香味太过明显，一尝即知，失去了神秘感。

同是文人，李渔追求精致而不外露，即"我化了妆，你虽没看出来，但仍觉得我很美"。袁枚则无惧张扬，如同他打造的"随园"一样，要的就是"天下知"的效果。

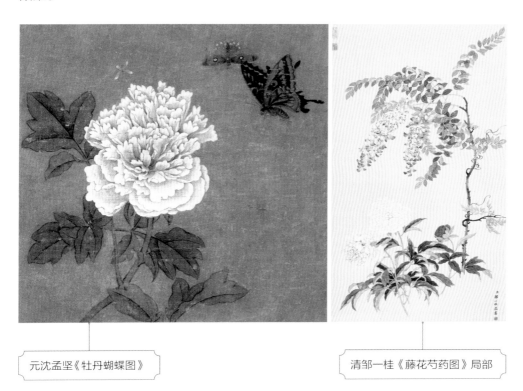

元沈孟坚《牡丹蝴蝶图》

清邹一桂《藤花芍药图》局部

7. 袁枚：文人界的顶级"网红美食家"

邂逅随园始于一次"我本无心，园主有意"的奇妙游历，只见距江宁府（今南京）较远的偏僻之地突然冒出一座园林，远远望去景致甚好却没有围墙。我试探着进入游览，竟未遭遇阻拦，门联上还写着"放鹤去寻山鸟客，任人来看四时花"。庭中花鸟树石写影镜中，别有天地，窗户全是当时较为稀有的玻璃，有蓝、绿、白等多色，可"纳花月而拒风露"。

清朝私家园林一般会建围墙，袁枚反其道而行，凸显其与众不同的营造理念
清徐扬《姑苏繁华图》局部

　　游园之人居然不少，不时有热心群众对我介绍一二，还极力推崇此间饮食。这私人园林莫非还是饭馆？疑惑之际，随园的家丁适时出现，向我推荐他家主人自编自刊自售的《随园食单》，并委婉表示若想用餐还需提前预订。

　　无法拒绝美食的我当然是先买下这本书，再顺便缴纳定金。回去的路上赶紧先拜读一下这本传说中的"清朝吃货指南"，看看三天后的宴席究竟能有多少含金量。

　　深谙"网红哲学"的袁才子果然不按常理出牌，一反传统食谱的套路，上来先展示两张单子：《须知单》和《戒单》。袁枚认为"学问之道，先知而后行，饮食亦然"。

　　在袁大才子的烹饪世界里，选材为第一要务："猪宜皮薄，鸡宜偏嫩，鲫鱼以扁身白肚为佳，鳗鱼以湖溪游泳为贵；菜蔬有可荤不可素者如葱韭、蒝香、新蒜，可素不可荤者如芹菜、百合、刀豆，取用皆需跟随季节时令。"

　　普通人眼中的平凡作料也丝毫不容马虎。"酱用优酱，先尝甘否；油用香油，须审生熟；酒用酒酿，应去糟粕；醋用米醋，须求清冽"。其他葱、椒、姜、桂、糖、盐之属，俱宜选择上品。不同食材还需配备各自专属的锅、灶、盂、钵之类，不能混用，防止串味。

清朝街市售卖油酒酱醋等
调料的铺子，讲究烹饪的人
对这些调味料也极为重视
清徐扬《姑苏繁华图》局部

　　原材料及炊具准备妥当之后，处理食材又是一门学问。燕窝去毛，海参去泥，鱼翅去沙，鹿筋去臊；肉有筋瓣，剔之则酥；鸭有肾臊，削之则净；太过肥腻的先用油炙，有腥气的先用醋喷，提鲜必用冰糖……

　　终于开始烹饪，火候是关键中的关键。煎炒需武火，煨煮需文火；腰子、鸡蛋会愈煮愈嫩，鲜鱼、蛇蛤之类略煮即不嫩。用"纤"（芡粉）要适当，浓厚不代表油腻，清鲜不代表淡薄；调羹宁淡毋咸，烹鱼宁嫩毋老。

清朝富裕人家的厨师在后厨忙碌烹饪的场景
清袁江《东园图》局部

成品出锅，盛菜器具也要讲究，"煎炒宜盘，汤羹宜碗，煎炒宜铁锅，煨煮宜砂罐"，大小盘碗参差错落摆放才灵动好看，传统所谓"十碗八盘"则略显笨俗。上菜原则为"盐者宜先，淡者宜后；浓者宜先，薄者宜后；无汤者宜先，有汤者宜后"。最后啰嗦一点，一定要请厨师做自己擅长的菜系，不要勉强。

富贵人家铁宴时桌上盘碗的摆放

清朝富贵人家的仆从端着碗、盘子上餐的场景
清院画《十二月月令图》之《八月》局部

　　若是要宴请客人，至少需要相约于三日之前，这样才有时间准备材料、整治美味。但日常仍应预备救急之菜，如炒鸡片、炒肉丝、炒虾米豆腐、糟鱼、茶腿之类，以防客人突然到访而没有合适的食物招待。怪不得在"随园"吃饭需要提前预订，除人多的因素外，还得早早准备各样食材。

　　那天的宴席设在"绿净轩"，翠绿玻璃外青山绮丽，楼台竹树，秋水天长，景致极美。席上珍馐两味，"冬瓜燕窝"的制法来自粤东杨明府处，重用鸡汁、蘑菇汁，以柔配柔，以清入清，皆作玉色。海参是前一日提前煨好的，当天切成小碎丁，用笋丁、香蕈丁入鸡汤煨作羹。江鲜有两味，一是来自苏州唐氏的"炒鳇鱼片"，二是用黄鱼做的"假蟹"。

清朝富贵之家在私家园林宴客的场景，环境清雅别致，饮食洁净精美
清袁江《东园图》局部

猪肉做的八宝肉圆入口松脆；"蜜火腿"取材自杭州忠清里王三房家；"灼八块"的嫩鸡为随园自养，滚油炮透后去油，只加清酱一杯、酒半斤，武火煨熟便起；"云林鹅"的原型为元朝倪瓒的"烧鹅"，不但鹅烂如泥，而且汤很鲜美；"醋搂鱼"几可与杭州西湖的"五柳居"相媲美；"醉虾"连壳都是酥的。

不过这些肉食都比不上"蒋侍郎豆腐"独特，那可是袁才子"折腰"换回的秘制之方。小菜里的"牛首腐干"最为叫绝，乃晓堂和尚家所制，"芋煨白菜"的食材皆为随园自产，新鲜肥嫩。"温面"一人一碗，吃之前自浇鸡肉、香蕈浓卤于细面之上。用纯糯粉做的"三层玉带糕"配"雨前龙井茶"极佳。最后的小馒头、小馄饨堪称一绝，馒头如胡桃大，一筷子可以夹两个，小馄饨如龙眼小，与鸡汤搭配味道极鲜。

袁枚并不爱喝酒，但家中美酿极丰：金坛于酒、德州卢酒、湖州南浔酒、常州兰陵酒、四川郫筒酒……他还搜罗了诸多酒器，先是名瓷，继而是白玉、犀角、玻璃，由小而大，递相劝酬，嗜好饮酒的人无不尽欢。

酒到酣处，大家又是吟诗作对，又是相互"吹捧"，氛围热烈。于是，席终后我又购了一本《随园诗话》带走，这样既显合群，下次参加宴席还能有畅谈的话题。毕竟随园是一个值得再来的地方，这里的美味不仅能吃还能"听"，南来北往的人于席间讲述不同地域的美食轶事，渐渐汇集成一幅幅有形的画面。我恍然惊觉，原来地方菜系早已脱胎换骨，渐呈百花齐放之态势。

8. 地方饮食百花齐放，南北两派各有千秋

如今，"南人饭米，北人饭面"（清李渔《闲情偶寄》）的格局已经形成（地形、气候等因素造成的农作物差异是北方人喜食面、南方人喜食米的重要原因之一）。香稻饭、乌米饭、姑熟炒饭、粳米粥、大麦粥、绿豆粥、红枣粥是南人所食常品，北人虽然也常吃粥，但种类相对南方偏少，不过面食在北方却是所向无敌，仅西北地区就有荤汁面、蝴蝶面、米袭子面、荞麦面饸饹、疙瘩汤、香脂油饼、囫囵发面火烧等，其中兰州人做面最为技绝，指尖随意捏成细条，能长丈余而不断。

清朝人收割麦子的场景
清裘曰修《御制割麦行》局部

南北方在饮食口味方面亦有诸多不同。北方人嗜浓厚，南方人嗜清淡；北方以肴馔丰、点食多为美，南方以肴馔洁、果品鲜为美。北人嗜葱蒜，苏人嗜糖，宁波嗜腥（即海鲜），绍兴嗜糟醉，粤人嗜淡食，滇、黔、湘、蜀人嗜辛辣。

京师酒店常售雪酒、涞酒、木瓜酒、干榨酒等，佐酒菜肴为煮咸栗肉、干落花生、鸭蛋、酥鱼、兔脯之属。饮茶以"香片"居多，配切糕、凉糕、豌豆黄等名点。炎夏之际，冰镇酸梅汤最受欢迎，"铜碗声声街里唤，一瓯冰水和梅汤"（清郝懿行《都门竹枝词》）是京师商贩沿街敲击铜盏售卖时最为生动的写照。若是此时宴客，则先上冰果，即在鲜核桃、鲜藕、鲜菱、鲜莲子之中杂置小冰块，吃起来凉齿沁心，而后再上热荤四盘，如烧鸭、风鱼、肘子、葱烧海参、红烧鱼头等。

京师酒店所售"绍兴木瓜"
为绍兴地区的特产木瓜酒，亦
被京师人所喜爱，图中"镇江
百花""惠泉三白"也为地方
特产酒，"松花皮蛋"则为地
方特产美食，佐酒极佳
清徐扬《京师生春诗意图》
局部

在当时，最讲究饮食的要数苏州人："凡中流社会以上之家，正餐、小食无不
力求精美……至其烹饪之法，概皆五味调和，惟多用糖，又喜加五香。"（清徐珂《清
稗类钞》）酒楼常卖满汉大菜和汤炒小吃，诸如哈儿巴肉、溜圆子、上三鲜、炸里脊、
十丝大菜、汤蟹斑、炸面筋、拌胡菜、片儿汤、葱花饼、油饺、拉糕、春卷之类。

姑苏即苏州，街边铺子打出
"五香腐干"的招牌，旁边还
有卖"大肉馒头"的店
清徐扬《乾隆南巡图》第六卷
《驻跸姑苏图》局部

扬州人则最好品茶，清晨即赴茶室，佐茶之品除了"干丝"，知名茶肆亦各有
撒手锏。双虹楼茶肆以烧饼开风气之先，有糖馅、肉馅、干菜馅、苋菜馅；蕙芳轩、
集芳轩以糟窖馒头得名；二梅轩、雨莲、小方壶、文杏园、品陆轩则分别以灌汤包子、
春饼、菜饺、烧麦、淮饺驰名。城内外其他小茶肆的主打产品一般为油馓（xuàn，
同旋）饼、甑儿糕、松毛包子等。街边食肆常卖糊炒田鸡、炸虾、板鸭、五香野鸭、
火腿片、骨董（"骨董"为象声词，模拟用沸汤煮食材时所发出的"咕咚"声，类

似的还有宋朝的"谷董羹",相当于古代简易版的火锅)汤等,夏季则流行吃冷蒸和水晶肝肠。

江宁茶肆喜欢沿河而设,其中鸿福园、春和园最为有名,茶叶从高档的"云雾、龙井"到普通的"珠兰、梅片、毛尖"随客所欲,佐茶之食为酱干生瓜子、小果碟、酥烧饼、水晶糕、花猪肉、饺儿、糖油馒首等,到了中午,座客常满。酒楼肴馔极丰,有扣肉、徽圆、荷包蛋、咸鱼、焖肉、煮面筋、螺羹等,菜品鲜洁,酒味醇厚。

清朝一家茶肆挂出的招牌上有龙井、松萝、武夷等品种
清佚名《雍正十二月行乐图》之《正月观灯》局部

沪多商肆,有粥店、面馆、糕团铺、茶食店、熟食店、腌腊店等。家常便饭以正兴馆的红烧水鸡、坐煎咸菜黄鱼、汤糟、炒圈子最为出名。几名好友相聚小酌时,则喜好酒楼的"和菜",一般为四碟、四小碗、二大碗。碟为油鸡、酱鸭、火腿、皮蛋之属,小碗为炒虾仁、炒鱼片、炒鸡片、炒腰子之属,大碗为走油肉、三丝汤之属,通常为三四人食用的分量。

闽、粤靠海,其人多食海味,餐时必佐以汤,街市常有肩担熟食售卖的商贩,卖的一般为鸡、鸭、海鲜之类。闽人烹饪时以微腥为美,因此一般少酱油而多虾油,红糟亦常用。超爱吃八珍面、土笋冻,盛行工夫茶。若是举办盛席筵宴,必备龙虱(水蟑螂),每席供一二十小碟,碟中铺以白糖,仅缀数虱于其上。

虽然闽、粤有很多类似的饮食习惯,但粤人的口味更加特立独行,除了龙虱,还喜食蛇、蜈蚣、桂花蝉、田鼠、蛤蚧等物,更好啖"鱼生",制粥尤精。酒楼小酌之肴一般为"一碗二碟",碗为汤,碟为一冷荤、一热荤,冷者为香肠、叉烧、白鸡、烧鸭之类,热者为虾仁炒蛋、炒鱿鱼、炒牛肉、煎曹白鱼之类。冬日还设有"边炉",据说创自边姓人士,类似于京师的火锅。茶馆会在清晨卖鱼生粥,晌午则有蒸熟粉面、水晶包、卷蒸、米糍、粉果之类的点心,晚上则有莲子羹、杏仁酪。而卖王大吉凉茶、正气茅根水、罗浮山云雾茶、菊花八宝清润凉茶的茶摊通常不设座,过客站立而饮。

值得一提的是，在明朝还被当作观赏植物的辣椒，终于在清朝正式登上了餐桌，川菜立即稳稳接住了这波"福气"。辣子肉、辣子鸡、辣子醋鱼、麻辣海参、酸辣鱿鱼、辣腐乳、辣豆瓣、泡海椒炒肉……每一款都是下饭神器。其他川菜的倩影则可在拌猪耳、炒猪肝、回锅肉、椒麻鸡、甜烧白、泡盐菜、卤帽结子等熟悉的家常菜中窥见一斑。普通街市小吃也尽显迷人风采，甜水面、荞凉粉、酥锅魁、艾蒿馍馍、醪糟鸡蛋、米花糖、抄手、油花……夏天还有特制的冰粉、凉虾、凉糍粑、藕稀饭、绿豆稀饭、荷叶稀饭等。

湘、黔、滇、鄂等省在嗜辣的道路上也算"一骑绝尘"，尤其是湘、鄂之人，每日所餐若是没有辣椒，则"虽食前方丈，珍错满前，无椒芥不下箸也"（清徐珂《清稗类钞》）"。滇人食椒之量比川人更是有过之而无不及，当地人还尤为迷恋一种用乳酪制作的名为"乳线"的食品，独具民族特色风味。民族饮食此时也渐次绽放，在中华饮食的书页上谱写出独特篇章。

9. 民族特色彰显，"西"食初现东方

蒙古族人喜欢将牛羊肉用清水略煮后再炙，吃时拿小刀剜割，蘸盐末嚼蒜瓣而食。所饮乳茶则以砖茶于牛乳中煮之，解腻消食之余还能补充维生素，因此蒙古族日常饮食虽以肉食为主，但不会患坏血病（维生素 C 缺乏症）。牛乳可用来制酥油、黄油、白酸油、奶饼、牛奶豆腐等，煮新鲜牛乳分离出来的牛奶皮子掺以白糖，烤以炭火，味最腴美，但他们一般不舍得自己吃，通常拿去集市售卖。牛马乳还能酿造奶子酒，用于自饮或待客。

清朝京城街市上卖奶茶的店铺
清徐扬《京师生春诗意图》局部

满族人也爱饮乳茶，爱吃肉，肉皆白煮，无盐酱却甚嫩美，喝高粱酒，喜食饽饽。饽饽种类不少，有硬面饽饽、豆面饽饽、搓条饽饽、打糕饽饽、撒糕饽饽、叶子饽饽、鱼儿饽饽等。

多穆壶

燔肉

图中出现燔肉的场景，旁边侍卫手中的多穆壶一般用来盛奶茶或酥油茶
清郎世宁《乾隆皇帝围猎聚餐图》局部

藏族人饮食以糌粑（zān ba）、酥油茶为主，一般先饮数碗酥油茶，然后取糌粑置于碗中，用手调匀，捏而食之，再饮酥油茶数碗。晚餐有时会吃麦面汤、芥麦面汤、豌豆汤、元根汤，如仍食糌粑，须熬野菜汤配食，或配搭奶汤、奶饼、奶渣。日常食牛肉，不食鳞介、雀鸟之类，用牛羊之血做的"血灌肠"被视为上品，用来馈赠亲友。

回族的饮食与汉族差不多，但所有肴馔皆不用豕（猪），煎炒所用油也以牛油、羊油、鸡油、麻油等替代。

哈萨克族人禁食猪肉，嗜茶。款待宾客时，会设茶食、醰酪，备抓饭，抓饭以米肉相瀹，再加入葡萄、杏脯等，装在盆盂之中，吃之前必先以净水洗手，然后用手进食。

苗族人的三餐中粟、米、杂粮并用，但尤喜食荞。茶叶不易得，平时饮水，有客人到就煮姜汤。以山鸡（即蛇）为佳物。若家里生了女儿，则酿"女酒"，直至女儿出嫁归宁（即回门）之日才打开待客，味道甘美。

倮倮（明清时彝族的称谓）之食物为牛、羊、豕，不食犬马，用大小麦及稷酿酒。喜食蚱蜢，一般油炙或晒干下酒。

以上仅是我出入随园数次的部分见闻，大略如是，但没有全盘记下来。虽天气已微凉，但夏天售卖"荷兰水"的摊位仍在街边。"荷兰水"是对西洋货品的统称，并非代表荷兰人所创或来自荷兰。此时中外经济文化交流密切，西方饮食逐渐出现在清朝人的餐桌上，面包、布丁、饼干、白兰地、葡萄酒之属亦不罕见，在天津和上海，还有模仿欧美开设的"咖啡店"。

洋货行

不过今天我没时间进去喝一杯，因为要赶着去福州路的"一品香"跟朋友吃饭。那里是上海最早开设的西餐馆，吃饭时不设箸，用刀、叉、匙三种，"哪个手用刀，哪个手拿叉，刀、叉、匙怎么使用，餐具用完如何摆放"等都有特定的规矩，导致用惯筷子的我一时有些迷糊。进餐顺序为先汤后肴，最后以点心或米饭结束正餐，之后上咖啡跟果物，整个流程和风格与我之前参加的中国民间宴席完全不一样。

10. 民间宴席——社交的"修罗场"

1) 保守派：一切都按规矩来，面面俱到才有面儿

首先，无论在酒楼还是家中摆宴，主人必须提前到门口迎客，双方互以长揖为礼，然后入内。客人入内就座后，先以茶点及水旱烟敬客，可用芝麻茶、杏仁茶、果茶或以牛乳冲的藕粉为待客饮品。等筵席设好，主人斟酒自奉以敬客，再招呼客人一一入座。席间还会举行猜拳之类的酒令游戏，主人敬酒之时，客人必起立回礼。

宴席种类一般有烧烤席、燕菜席、鱼翅席、鱼唇席、海参席、蛏干席、三丝席（鸡丝、火腿丝、肉丝）几种，而全羊席、全鳝席、豚蹄席这些则是只能在地方吃到的特色，若是招待贵宾，有时还会设一桌看席。其中，烧烤席为筵席之中的最上品，席上除燕窝、鱼翅诸珍外，必有"烧猪、烧方"，酒过三巡后，由穿着礼服的膳夫、仆人进上，仆人解所佩小刀脔割猪肉盛于器中，然后屈一膝献给首座专客，仪式感非常强。

包客酒席　　五簋大菜

清朝街市的一家酒楼打出承办酒席的招牌，"五簋大菜"为其中的一种规格
清徐扬《姑苏繁华图》局部

燕菜席仅次于烧烤席，因酒筵中以燕窝为盛馔，所以只有款待贵宾时才用。燕窝可咸可甜："咸者，掺以火腿丝、笋丝、猪肉丝，加鸡汁炖之；甜者，仅用冰糖，或蒸鸽蛋以杂其中。"（清徐珂《清稗类钞》）宴席开场就要上大碗燕窝，若是用小碗或进于鱼翅之后，就显得不郑重了。东南各省尚侈靡，普通宴会必用鱼翅席。"剔作条条玉，镂成细细丝。芬芳浮鼎俎，燕饮乐咸宜"（清毛世钊《鱼翅》），也许这样的盛赞更让主人颜面有光吧。

清江人善于烹制全羊席，最多可做七八十品。甘肃兰州人也极为推崇此宴，因当地办烧烤席、燕菜席、鱼翅席这类的宴席太贵，最高要百余金，最低也须四十余金，但二、三金即可买一头本地羊，制为肴馔便能装满大小碗碟，既省费用，又有面子。全鳝席流行于淮安，豚蹄席则流行于嘉定。

宴席规格一般有三种："十六碟"，即八大八小；"十二碟"，即六大六小；"八碟"，即四大四小。大小碟分别置冷荤（如火腿、变蛋）、干脯（如鸡脯、羊脯）、热荤（如鹿筋烧松鼠鱼、蛋白炒荔枝腰）、糖果（如饦糖球、蜜葡萄）、干果（如落花生、风栗）、鲜果（如梨、橘）于其内。大碗盛全鸡、全鸭、全鱼或汤羹，小碗盛煎炒。点心进两次或一次，常有金丝包、藕粉饺、菊花团、梨糕、荷花馒首、鸡蛋春饼等，整体菜品基本是甜咸参半。

干鲜果品

清朝街边一家卖"干鲜果品"的铺子，果品是当时备办宴席的标配之一
清徐扬《京师生春诗意图》局部

排场摆得多了，渐渐有不同的声音出现。清代作家钱泳就在其笔记小说《履园丛话》中提出："凡治菜，以烹庖得宜为第一义，不在山珍海错之多、鸡猪鱼鸭之富也……只要烹调得宜，便为美馔。"

2）创新派：传统不能丢，新式我也要

后来，我参加过几次以"洁净卫生，勿铺张浪费"为主旨的宴会，反而倍觉清爽。席间上一汤四肴，或视人数而增加菜品，荤素参半，菜品随冬夏季节变化而变。若是夏日，汤为火腿鸡丝冬瓜汤，肴为粉蒸鸡、清蒸鲫鱼、炒豇豆、粉丝豆芽、蛋炒猪肉，点心为黑枣蒸鸡蛋糕或虾仁面，饭后各一果，既足以饱腹，又不浪费。汤肴同旧式一样置于桌案中央，有公碗、公筷取汤取肴，吃时则用私碗、私筷，干净卫生。

清朝人设私家宴会款待客
人的场景
清徐扬《姑苏繁华图》局部

让我印象最为深刻的是去无锡参加的一场家宴，乃胡彬夏女士别出心裁的独创，宴席取法中西餐之所长，清洁兼顾雅致，丰盛却不铺张。席上酒为越酿，俗称"绍兴酒"，入座时由胡女士为客人各斟一杯，嗜饮者则各置一小壶于前。当日所备肴馔如下：

冷肴四碟，分别是芹菜（拌豆腐干丝）、牛肉丝（炒洋葱头丝）、白斩鸡、火腿，用四个深碟盛，形似小碗。绿色的芹菜、酱色的牛肉丝、淡黄色的白斩鸡、深红色的火腿，颜色鲜洁，养眼开胃。入座时，这四碟菜已置于桌前，而后依平时筵宴通例依次上其他菜肴。

每人各一杯炖蛋；炒青鱼片用猪油和冬笋片；白炖猪蹄以大暖锅盛，每个客人身前又各备小碗，以便分取；炒菠菜解猪蹄之腻。而后是炒面、鱼圆、小炒肉、汤团、莲子羹。最后上粥与饭，佐饭菜肴为糟黄雀、炒青菜、江瑶柱炒蛋、腐乳、腌菜心及汤，餐后水果为福橘。

餐桌上铺有桌布，每座前有杯一，箸二，匙三，碟三（一置匙、一置酱油、一置醋），巾一（食时铺于身，以拭口和防污秽）。食器皆整齐雅洁，用餐期间还会更换四次餐具，食毕散座，再上茶烟。席罢，大家对这场家宴纷纷发出由衷赞美，夸其带给宾客的舒适度与满足感远超某些只讲豪横的筵宴，常常是"燔炙纷陈，续续不已，食品既繁，酒阑人倦"。

清朝繁华街市边一家卖名
烟的铺子，烟和果品一样也
为宴会常备
清徐扬《姑苏繁华图》局部

"如此看来，'满汉全席'估计也好不到哪里去吧。" 我不由感叹，旁边一位客人立即好奇地问："这满汉全席是什么席呀？我知道'满席''汉席'，参加过'满汉席'，也吃过号称'满汉大席'的烧烤席，但没听说过'满汉全席'呀？"我一时语塞，心中疑惑顿起，又不知该如何回答，于是问他："那这满席、汉席、满汉席又是什么席呢？"

11. 新知识：有满席，有汉席，没有"满汉全席"

宫廷里的满席有六等，主要由各式饽饽（满族人对面食点心的统称）和干鲜果品组宴，但只有四等以下才在宴会中使用，三等及以上皆用于祭祀。汉席则有三等，由菜肴、果食等组宴。

以某次四等满席菜谱举例：菜品有四色印子、四色馅白皮方酥、四色白皮厚夹馅、鸡蛋印子、蜜印子、合圆例饽饽、福禄马、鸳鸯瓜子、红白馓枝，十二盘干果包括龙眼、荔枝、干葡萄、桃仁、榛仁、冰糖、八宝糖、大缠、青梅、栗子、红枣、晒枣，六盘鲜果包括苹果、黄梨、红梨、棠梨、波梨、鲜葡萄，另有盐一碟、小猪肉一盘、鹅肉一盘、羊肉一方。陈设高一尺二寸。

五等、六等满席则参照这个标准依次降低高度、减少品类。

一等汉席的食谱为鹅、鱼、鸡、鸭、猪等肉馔二十三碗，果食八碗、蒸食三碗、蔬食四碗，二等、三等汉席只有肉馔的数量和种类依次减少，其余均不变。

各式饽饽

图中有宫廷宴席必备的各种饽饽
清郎世宁等《万树园赐宴图》局部

民间的满席和汉席菜式就相对活泼随意。满席偏好使用猪、羊、鸡、鸭，常见菜式有全猪、全羊、挂炉鸭、松仁煨鸡、红白胸叉等。汉席种类则更为丰富，有金银燕窝、蟹饼鱼翅、八宝海参、关东鸡、炒脊筋、酸菜汤、苹果馒首、蒸玉面饺等。

至于满汉席，其实属于官场菜的一种，方便官员请客时能兼顾同朝为官的满汉两族同事。当年乾隆南巡扬州的时候，当地官员就为一同前来的六司百官准备了丰盛的满汉席，每桌除鲜果、枯果、洋碟、小菜碟及热吃劝酒外，菜肴备办如下：

燕窝鸡丝汤、海参烩猪筋、鲜蛏萝卜丝羹、海带猪肚丝羹、鲍鱼烩珍珠菜、淡菜虾子汤、鱼翅螃蟹羹、蘑菇煨鸡、辘轳锤、鱼肚煨火腿、鲨鱼皮鸡汁羹、血粉汤、一品级汤饭碗。（用"头号五簋碗"盛）

鲫鱼舌烩熊掌、米糟猩唇猪脑、假豹胎、蒸驼峰、梨片伴蒸果子狸、蒸鹿尾、野鸡片汤、风猪片子、风羊片子、兔脯、奶房签、一品级汤饭碗。（用"二号五簋碗"盛）

猪肚假江瑶、鸭舌羹、鸡笋粥、猪脑羹、芙蓉蛋、鹅肫掌羹、糟蒸鲥鱼、假班鱼肝、西施乳、文思豆腐羹、甲鱼肉片子汤、茧儿羹、一品级汤饭碗。（用"细白羹碗"盛）

炙哈尔巴小猪子、油炸猪羊肉、挂炉走油鸡鹅鸭、鸽臛、猪杂什、羊杂什、燎毛猪羊肉、白煮羊肉、白蒸小猪子小羊子鸡鸭鹅、白面饽饽卷子、什锦火烧、梅花包子。（用"毛血盘"盛）

清朝宫廷同时宴请满汉官员以及蒙古族、满族民众的场景
清姚文瀚《紫光阁赐宴图》局部

原来这"满汉全席"就是个误传，真是"一字之差，谬以千里"。不过既然说到乾隆下江南，我就很想知道这位"清廷第一吃货"平时的御膳都有些什么。

二、即将落幕的宫廷美食

1. 清廷第一"吃货"：乾隆——美食界的养生达人

本来宫廷饮食是秘而不宣的，但清朝内务府有一份《御茶膳房》的档案，里面详细记录了清宫帝王们的饮食起居，包括皇帝每一顿都吃了什么、哪些人给他进献了什么菜、吃剩的菜又赏给了哪些人等诸多生活细节，俨然纸质版"朋友圈"，只不过始终处于"内测阶段"，只有部分人可见。我幸运地入手了一份，就在这里将一份乾隆三十年正月十六的御膳单与大家分享：

卯初二刻，请驾，伺候冰糖炖燕窝一品。

卯正一刻，养心殿东暖阁早膳：燕窝红白鸭子南鲜热锅、酒炖肉炖豆腐、清蒸鸭子糊、猪肉鹿尾攒盘、竹节卷小馒首。舒妃、颖妃、愉妃、豫妃进菜四品，随送面一品、老米水膳一品。

未正，黄新庄行宫进晚膳：燕窝鸭子热锅、油煸白菜、肥鸡豆腐片汤、奶酥油野鸭子、水晶丸子、攒丝烀猪肘子、火熏猪肚。后送小虾米油火渣炒菠菜、蒸肥鸡烧狍肉鹿尾攒盘、猪肉馅侉包子、象眼棋饼小馒首、烤祭神糕、珐琅葵花盒小菜一品、珐琅碟小菜四品，随送粳米膳一品。当晚看完烟火表演后，还吃了宵夜，有肉丝酸菠菜、鲜虾米托、醋熘鸭腰、锅鸡。

乾隆不愧是清朝养生小能手，早起先来一碗冰糖燕窝，压压每天四五点就要起来办公的"起床气"，再开启一天的"高级打工生活"。并且这个习惯雷打不动，即使南巡的时候也不例外。

燕窝

令人意外的是，在乾隆的"最爱美食榜单"中，火锅的排名居然仅次于燕窝。乾隆六十年正月初一这天的晚膳，竟然上了三个火锅：鹿肠鹿肚热锅、燕窝山药酒炖鸭子热锅、山药葱椒鸡羹热锅。当然，为了兼顾美味和养生，这二者也是可以互相搭配的。

清代掐丝珐琅团花纹菱花式火锅
清宫又把火锅叫"热锅"或"暖锅"，乾隆、慈禧都非常喜欢吃

不要担心宫里每顿饭上菜太多吃不了，剩饭剩菜会以"克食"之名由皇帝指定赐给皇后、妃嫔、亲王、大臣、侍从等人，借以笼络人心。

慈禧太后同样追求美味，注重养生，但在饮食方面的奢靡程度则后来居上，超过了乾隆。

无论宫廷宴会还是日常御膳，清朝帝王都会依礼制赏赐"克食"
清姚文瀚《紫光阁赐宴图》局部

2. 穷奢极欲的代表：慈禧——美味和排面，一样都不能丢

身处权力顶峰的慈禧用膳无定所，想在哪里吃全凭心情。饭前会准备三大张桌子，上铺全新白布，太监立于院中，持黄色食盒进膳。食盒内为二大碗、四小碗，碗上皆有黄底绿龙或寿字，盛清汤鱼翅、燕窝金银鸭子等，腌西瓜皮、卤鸭肝之类的精美小菜则以碟装，均列成线形，大碗小碟相间排列，共约一百五十品。

常膳必备粥，有大小米粥、薏仁粥、鸡丝粥、玉田红稻粥、江南香糯粥、八宝莲子粥等，约五十余种，稻、粱、菽、麦无所不有。每餐中的面点还要制成龙形、蝶形、花形等形状，而绿豆糕、花生糕、白马蹄、焦圈、糖包、炸馓子等点心不论吃不吃都得摆起。另外，还要单独设两个案几用来放置果盘，内盛糖莲子、瓜子、核桃等干鲜果品，便于她餐后随意挑选食用。

若是得到陪慈禧用膳的"殊荣"，则必须等她吃完饭发话后才能吃，并且只能站着吃，不准坐，也不准说话。虽说氛围有点压抑，但远比不上官员参加国宴辛苦。

3. 国宴：没有什么比吃它更累

以清朝宫廷的寿宴来说，宴会流程基本围绕"进赐茶酒馔"及叩首、跪拜为主，席间会分场次安排歌舞、杂戏表演。

若是运气不好，赶上生在酷暑寒冬的帝后过寿，参加者就要多吃些苦头。像光绪皇帝的生日，是阴历六月，时值盛夏，天气炎热，但万寿节宫宴这天，大家依例必须要穿着厚重的朝服参加，宴会期间不停叩首跪拜，热得汗流浃背。若是参加慈禧寿宴，刚好在天气较冷的冬天，只能坐在外面的大臣们就要忍受严寒，既看不见里面的表演，又得遵守各种叩拜仪式，不能也不敢松懈，简直无聊又累心。

跟我们想象中不一样的是，国宴并非各样山珍海味，而是有特定的标准，一般为各种饽饽、果品和羊腿，喝乳茶、酒。慈禧寿宴时的吃食有：羊腿四只，色食牡丹一大盘，五色糖子四盘，五色饽饽二十盘，牛毛馓子三盘，苹果四盘，葡萄四盘，荔枝、桂圆、黑枣、核桃仁各一盘，果品和饽饽吃不完还可以打包带回家。

无论是奢华派，还是标准派，宫廷美食的职业生涯很快进入尾声，而其他美食家族则继续在新的世界里熠熠生辉，照亮日常烟火气，抚慰每一颗平凡的心。

 # 参考文献

[1] 张景明，王雁卿.中国饮食器具发展史[M].上海：上海古籍出版社，2011.

[2] 王炜，张丹华.商朝滋味——商代墓葬中的饮食遗存[J].大众考古，2019（04）：34-43.

[3] 孟元老.东京梦华录[M].侯印国，译注.西安：三秦出版社，2021.

[4] 杨军.《北行日录》反映的宋金饮食文化交融——兼论中华民族文化交融的规律[J].中华民族共同体研究，2022（04）：125-136.

[5] 王善军.辽宋西夏金时期族际饮食文化交流略论[J].河北大学学报（哲学社会科学版），2021，46（5）：74-81.

[6] 邱庞同.乾隆下江南御膳单简析[J].扬州大学烹饪学报，2004，21（4）：1-8.

[7] 文美容.寻味历史：食在清朝[M].沈阳：万卷出版公司，2021.